≋ 형제가 함께 간 ≋

남파랑길
(경상도편)

대한민국대표브랜드
코리아둘레길

형제가 함께 간

남파랑길(경상도편)

대한민국대표브랜드 코리아둘레길

초판인쇄 2025년 2월 21일
초판발행 2025년 2월 21일

지은이 최병욱 · 최병선
펴낸이 채종준
펴낸곳 한국학술정보(주)
주 소 경기도 파주시 회동길 230(문발동)
전 화 031-908-3181(대표)
팩 스 031-908-3189
홈페이지 http://ebook.kstudy.com
E-mail 출판사업부 publish@kstudy.com
등 록 제일산-115호(2000. 6. 19)

ISBN 979-11-7318-205-1 13980

형제가 함께 간

남파랑길
(경상도편)
대한민국대표브랜드
코리아둘레길

최병욱 · 최병선 지음

이담북스

🌀 머리말

정신이 육체를 지배한다고 한다. 사람이 어떠한 생각을 갖느냐에 따라서 세상이 바뀌고 인생이 달라진다. 한 가지 일에 몰입하는 것도 행복이 아닐까?

오직 코리아둘레길을 완주하겠다는 일념 하나로 해파랑길 완주에 이어 남파랑길을 걸었다. 계획하고, 실행하고, 반성하고! 일행 모두가 건강하기만을 간절히 빌었다.

전국에 코로나가 발생하여 확진자가 증가했고, 전파방지를 위해 마스크착용 및 사회적 거리두기를 의무화하며 가급적 통행을 자제했다. 덕분에 이동과 숙식이 힘들었고, 남파랑길을 걷는 동안 함께하는 사람도 별로 없었다.

2021년 3월, 부산 오륙도를 출발해서 2022년 12월에 해남 땅끝탑에 도착할 때까지 꼬박 2년이 걸렸다. 4계절이 두 번 바뀌었다.

부산의 깡깡이예술마을, 영도대교, 범일동, 수정동, 초량동을 걸으며 부산 구도심의 아픈 역사를 감상했고, UN기념공원과 유라리광장의 '영도다리! 거~서 꼭 만나재이~'라는 문구와 영도대교 초입의 '굳세어라 금순아' 노래비를 보면서 6.25전쟁을 상기해 보았다. 국제시장과 자갈치시장에서 삶의 현장을 체험하고, 몰운대와 낙동강하구둑을 걸으면서 벚꽃에 취해보았다.

곳곳에 아름다운 길을 조성해 놓았다. 부산 갈맷길, 진해드림로드, 고성 면화산둘레길, 해지개 해안둘레길, 대독누리길, 공룡화석지해변길, 통영 남망산 조각공원길, 거제 섬&섬길, 충무공 이순신 만나러 가는 길, 남해바래길, 이순신호국길, 관세음길, 순천 남도삼백리길, 여수 백리섬섬길, 여자만 갯노을길, 고흥 미르마루길, 마중길, 싸목싸목길, 천등산 먼나무길, 보성 다향길, 벌교 중도방죽길, 장흥 한승원문학산책길, 강진 바다둘레길, 정약용 남도유배길, 강진바스락길, 남도 이순신길 조선수군재건로, 해남 땅끝 천년의 옛숲길 등, 모두 남파랑길과 함께 가는 길이다.

남해의 따뜻한 해안을 걷다 보니 느티나무 대신 거대한 팽나무가 마을을 지키고 있었고, 곳곳에 동백나무, 홍가시나무, 먼나무, 멀구슬나무, 메타세쿼이아, 금목서, 은목서, 가시나무, 서어나무 가로수길이 많았고, 거제에는 수국과 꽃무릇으로 도시를 예쁘게 꾸며 놓았다.

봄에는 개나리, 진달래, 유채꽃, 벚꽃, 연산홍, 철쭉꽃, 아카시아꽃을 감상하며 걷다 보면 들판에는 보리와 감자가 익어가고 어느덧 모내기가 시작된다. 각종 과일나무도 꽃을 피우고, 고추와 가지가 새순을 틔운다.

여름이 되면 고추와 가지가 주렁주렁 달리고, 감자와 양파들을 수확하며 과일들도 몸집을 키운다. 메타세쿼이아길, 편백나무숲길, 삼나무 숲길을 걸으며 피톤치드에 흠뻑 젖어보았다.

가을에는 은빛 물결의 억새밭과 갈대숲, 노랗게 물든 은행나무, 국화밭, 금목서, 은목서, 배롱나무 등을 감상하며 황금빛으로 물든 농촌풍경을 맛보았다. 겨울에는 동백꽃과 붉은 열매가 인상적인 먼나무를 감상했다. 또다시 일 년이 반복된다. 전국 곳곳에 사시사철 아름다운 꽃들이 피었다. 핸드폰으로 꽃의 이름을 검색하여 하나하나 알아가는 것도 큰 즐거움이었다.

부산의 용두산전망대, 두도전망대, 사천의 각산전망대, 남해의 천황산전망대, 광양의 구봉산전망대, 고흥의 우주발사전망대, 장흥의 정남진전망대, 완도의 완도타워, 해남의 땅끝전망대에 올라서 한려수도와 다도해해상공원, 광양만, 순천만, 여자만, 해창만, 고흥만, 득량만, 강진만 해안 풍경을 감상했다.

진동항 미더덕, 통영 생굴, 거제 코끼리조개, 창선 고사리, 남해 죽방렴 멸치, 하동 재첩, 벌교 꼬막, 순천만 짱뚱어, 여수 여자만 장어, 고흥 유자, 한우, 보성 쪽파, 녹차, 장흥 수문항 키조개, 완도 전복, 해남 배추, 땅끝마을 삼치 등, 기후와 토양에 따라서 생산되는 품목도 다양했다.

지역을 대표하는 맛집도 많았다. 부산 돼지국밥, 부산차이나타운 '신발원'의 고기만두, 창원 진동항 '미더덕 모꼬지 맛집'의 미더덕회와 미더덕비빔밥, 마산 '오동동아구할매집'과 '초가아구찜'의 아구수육, 통영 '굴향토집'의 굴요리풀코스, 거제도 '초정명가'와 '강성횟집'의 활어회, 하동 '솔잎한우프라자'의 솔잎한우, 여수 '한일관'의 해산물한정식, '구백식당'의 금풍생이구이, 여수 '경도회관'의 하모샤브샤브, 광양 '금목서'와 '대한식당'의 광양숯불고기, 순천 '금빈회관'의 한우떡갈비, 벌교 '대박회관'의 가리맛조개찜, 장흥 '취락식당'의 장흥삼합, 장흥 '바다하우스'의 키조개코스요리, 강진 '명동식당'의 남도한정식, 완도 '미원횟집'의 전복코스요리, 해남 '바다동산'의 삼치회코스요리 등이 별미였다. 남파랑길을 걸으면서 주로 맛집을 찾다 보니 입맛이 최고급으로 변해버렸다. 이 또한 행복 아니겠는가?

벌교에서 만난 택시기사의 말씀, '내가 돈은 없어도 입은 관청에 가 있다'. 통영 유니큐호텔 더뷰의 경영철학 "손님은 귀신이다. 사장의 잔머리 굴리는 소리가 들리면 다시는 이 숙소를 찾지 않는다. Unique 호텔 The View의 운용요체는 잔머리를 굴리지 않는 것이다. 우리는 고객만족 백퍼를 위하여 최상의 친절 · 봉사 · 청결로 25시간 깨어있을 것이다." 벌교 천연발효빵가게인 '모리씨빵가게'의 경영철학 "화려한 기교

보다 재료 본연의 맛을 느낄 수 있는 빵을 지향합니다.", 광주 상무초밥의 경영이념 "바르게 최고가 된다" 등 식당과 숙소에 쓰여진 글귀가 마음에 와닿았다.

마산의 김주열 3.15의거 열사, 창원의 독립운동가 주기철목사, 통영의 이순신장군과 윤이상 음악가, 거제의 김영삼 대통령, 유치환 시인, 장흥의 한승원, 이청준 작가, 광양 윤동주 시인, 강진의 다산 정약용, 고흥의 박치기왕 김일, 완도의 해상왕 장보고, 골프인 최경주 등 유명인들의 발자취를 찾아보았고, 부산의 흰여울문화마을, 마산의 가고파벽화마을, 고성의 학동마을, 통영의 동피랑벽화마을, 여수의 고소동1004벽화마을도 둘러보았다.

서로 격려하고 위로하며 양보했다. 7년간 함께 산행하고 길을 걸으며 한마음으로 똘똘 뭉쳐진 형제들이다. 다소 어렵고 불편한 조합이지만 서로들 현명하게 대처했다. '참을 수 없는 것을 참는 것이 정말로 참는 것이다'라고 했다. 이제 서로를 사랑하게 되었고, 앞으로 강철가족이 되어 서해랑길 완주와 더불어 코리아둘레길을 완주하기를 기원해 본다.

오늘 내가 남긴 발자취가 뒷사람의 이정표가 될 수 있도록 하나도 빠짐없이 철저히 걸었다. 우리 형제가 땀으로 성취한 이 길이 뒷사람에게 한 줄기 빛이 되기를 기원하며!

2025년 1월

대전 한라산 **최병욱**

목차

코리아둘레길이란?

동해안, 서해안, 남해안 및 DMZ 접경지역 등 우리나라의 외곽을 하나로 연결하는 약 4,500Km의 초장거리 걷기여행길로, '**대한민국을 재발견하며 함께 걷는 길**'을 비전으로 '**평화, 만남, 치유, 상생**'의 가치를 구현한다.

동해안의 **해파랑길**, 남해안의 **남파랑길**, 서해안의 **서해랑길**, 북쪽의 **DMZ 평화의 길**로 구성되어 있다.

구분	구간	코스	길이 [Km]	개통일	비고
해파랑길	부산 오륙도해맞이공원 ~ 강원도 고성통일전망대	50	750	2016년 5월	동해안의 주요 해수욕장과 일출 명소, 관동팔경을 두루 거치는 아름다운 해변길
남파랑길	부산 오륙도해맞이공원 ~ 전남 해남군 땅끝탑	90	1,470	2020년 10월	한려수도와 다도해의 섬들을 지나며 남해의 아름다움을 느끼는 낭만의 길
서해랑길	전남 해남군 땅끝탑 ~ 인천 강화 평화전망대	109	1,800	2022년 6월	해지는 바다와 갯벌 속 삶의 모습들을 만나는 생태와 역사의 길
DMZ 평화의 길	인천 강화 평화전망대 ~ 강원도 고성통일전망대	34	510	2024년 9월	아픈 역사의 상흔과 살아있는 생태자원을 만나는 화합과 평화의 길. DMZ 평화의 길 횡단노선
계		285	4,530		

남파랑길이란?

　'남쪽(南)의 쪽빛(藍) 바다와 함께 걷는 길'이라는 뜻으로, 부산 오륙도해맞이공원에서 전남 해남 땅끝탑까지 남해안을 따라 연결된 1,470Km의 걷기여행길이다.

　경상도권역의 부산, 창원, 고성&통영, 거제, 사천&남해&하동의 5개 구간과 전라도권역의 광양&순천, 여수, 보성&고흥, 장흥&강진, 완도&해남의 5구간 등, 총 10개 구간의 90개 코스로 구성되어 있으며, 2020년 5월 15일에 완성되어, 2020년 10월 31일부터 개통되었다.

1. 부산구간

　남파랑길의 시작이며, 대도시의 화려함과 아름다운 바다경관이 어우러진 부산구간은 총거리 92.2Km로, 5개 코스로 구성되어 있다.

　정겨운 부산 사투리를 들으며 부산의 남구, 중구, 영도구, 사하구를 걸으면서 오륙도, 태종대, 절영해안로, 흰여울문화마을, 송도해수욕장, 몰운대, 다대포해수욕장, 낙동강하구 을숙도 등 아름다운 바다풍경을 감상한다.

　UN기념공원, 영도대교, 깡깡이예술마을, 국제시장, 자갈치시장, 초량동 이바구길을 걸으면서 6.25전쟁 이후의 삶의 애환을 느껴보고, 신선대, 용두산공원, 암남공원에서 부산항 주변경치를 감상한다.

부산역 돼지국밥, 초량동 돼지갈비, 차이나타운 각종 만두, 자갈치시장 뽈락구이, 부평시장 어묵 등, 풍부한 해산물 요리를 맛볼 수 있다.

구간	코스	구 역	거리(Km)	주요관광지
부산	1	오륙도해맞이공원 ~ 부산역	19.2	오륙도, 신선대, UN기념공원, 부산박물관 문현곱창골목, 이바구길, 부산차이나타운
	2	부산역 ~ 영도대교 입구	14.5	봉래산, 태종대, 절영해안로, 영도대교 흰여울문화마을, 남항대교, 깡깡이예술마을
	3	영도대교 입구 ~ 감천사거리	14.9	용두산공원, 국제시장, 자갈치수산시장 송도해수욕장, 암남공원, 두도전망대
	4	감천사거리 ~ 신평동교차로	21.7	몰운대, 두송반도해안길, 야망대 다대포해수욕장, 아미산전망대, 장림포구
	5	신평동교차로 ~ 송정공원	21.9	낙동강하구둑, 을숙도 갈대숲, 명지염전 신호대교, 소담공원, 가덕대교
	계		92.2	부산 갈맷길

2. 창원구간

계절별로 아름다운 숲길과 해안길을 따라 창원의 다양한 매력을 발견할 수 있는 창원구간은 총거리 89.7Km로, 6개 코스로 구성되어 있다.

황포돛대노래비와 삼포노래비에서 옛향수에 젖어보고, 봄이면 진해군항제에 맞추어 여좌천과 경화역부근, 안민로드의 벚꽃축제를 즐겨볼만하다. 웅천읍성, 진해해양공원, 진해드림로드, 장복산 진달래, 마산 가고파꼬부랑벽화마을, 임항선그린웨이, 청량산숲길 등도 볼거리다.

1. 무학산, 2. 돝섬, 3. 저도연륙교, 4. 국립 3.15묘지, 5. 마산어시장, 6. 문신미술관, 7. 팔룡산 돌탑, 8. 마산항 야경, 9. 의림사계곡의 마산 9경도 유명하다.

마산에는 마산통술거리, 마산아구찜거리, 마산복요리거리, 마산어시장횟집거리가 있는데 마산아구찜, 아구숙회, 마산복요리가 유명하고, 진동항에서는 5월에 미더덕요리를 맛볼 수 있다. 1. 아구찜, 2. 전어회, 3. 복어요리, 4. 미더덕, 5. 가을국화술의 마산 5미가 유명하다.

구간	코스	구 역	거리 (Km)	주요관광지
창원	6	송정공원 ~ 제덕사거리	14.8	용원어시장, 황포돛대노래비, 흰돌메공원 주기철목사기념관, 웅천읍성
	7	제덕사거리 ~ 상리마을 입구	11.0	삼포노래비, 진해해양공원, 행암항
	8	상리마을 입구 ~ 진해드림로드 입구	15.7	진해드림로드, 천자암, 장복산 안민데크로드, 삼밀사
	9	진해드림로드 입구 ~ 마산항 입구	16.6	추산근린공원, 문신박물관, 3.15의거기념탑 가고파꼬부랑벽화마을, 임항선그린웨이
	10	마산항 입구 ~ 구서분교 앞 삼거리	15.6	청량산숲길, 돝섬해상유원지, 마창대교
	11	구서분교 앞 삼거리 ~ 임아교차로	16.0	제말장군묘, 광암해수욕장, 진동항, 장기항
	계		89.7	진해드림로드

3. 고성&통영구간

세계 3대 공룡발자국 산지인 고성과 굴과 멍게의 고장이며 동양의 나폴리인 통영을 여행하는 고성&통영구간은 총거리 166.0Km로, 10개 코스로 구성되어 있다.

고성의 당항포관광지 공룡세계엑스포, 고성공룡박물관, 공룡화석지 해변길, 상족암에서 중생대까지 거슬러 올라가는 이색시간 여행을 즐길 수 있고, 통영의 삼도수군통제영, 세병관, 충렬사, 이순신공원 등에서 충무공 이순신장군의 발자취를 찾아볼 수 있다.

남망산조각공원, 연화도 용머리, 사랑도 옥녀봉, 미륵산에서 바라본 한려수도, 소매물도에서 바라본 등대섬, 달아공원에서 바라본 석양, 제승당 앞바다, 통영운하야경의 통영 8경을 감상하고, 동피랑 벽화마을, 서피랑 공원, 통영해저터널도 둘러볼 만하다.

박경리, 윤이상, 유치환, 백석, 김춘수, 전혁림 등 통영이 배출한 많은 문화예술인들의 발자취를 찾아 기념관과 골목골목을 걸어보며 시와 음악에 취해 본다.

통영 앞바다에서 굴을 양식하는데, 굴은 겨울이 제철이고, 통영에는 굴요리전문집이 많다. 중앙시장의 각종 활어회, 해물뚝배기, 졸복전문점 부일식당도 유명하다.

구간	코스	구 역	거리 (Km)	주요관광지
고성	12	임아교차로 ~ 배둔시외버스터미널	18.2	당항포관광지, 공룡세계엑스포행사장 마산어시장
	13	배둔시외버스터미널 ~ 황리사거리	20.9	면화산둘레길, 정북마을 들샘
통영	14	황리사거리 ~ 충무도서관	13.8	덕포로 굴양식장, 내죽도수변공원
	15	충무도서관 ~ 사등면사무소	16.9	삼봉산, 신거제대교, 통영타워카페
통영	28	장평리 신촌마을 ~ 남망산 조각공원입구	13.8	토영이야기길, 세자트라숲 이순신공원, 남망산 조각공원
	29	남망산 조각공원입구 ~ 무전동 해변공원	17.6	동피랑벽화마을, 세병관, 서피랑공원 해저터널, 윤이상기념관, 평인일주도로
	30	무전동 해변공원 ~ 바다휴게소	16.3	무전동해변공원, 용봉사, 발암산 관덕저수지, 백우정사, 따박섬
고성	31	바다휴게소 ~ 부포사거리	16.2	해지개다리, 남산공원, 대독누리길
	32	부포사거리 ~ 임포항	14.1	수태산, 학동마을 돌담, 임포항
	33	임포항 ~ 하이면사무소	18.2	백전포항, 상족암, 공룡화석지해변길 고성공룡박물관
	계		166.0	고성 해지개해안둘레길, 대독누리길

4. 거제구간

거제도를 한 바퀴 돌면서 천혜의 절경을 오감으로 즐기는 거제구간은 총거리 170.0Km로, 12개 코스로 구성되어 있다.

거제도는 경상남도에 위치한 섬으로 제주도 다음으로 큰 섬이다. 거제도는 한려해상국립공원의 아름다운 해안경관과 다양한 볼거리, 먹거리인 '9경/9미/9품'이 있다.

거제 9경으로는 해금강, 바람의 언덕과 신선대, 외도보타니아, 학동 흑진주몽돌해변, 거제도포로수용소유적공원, 동백섬 지심도, 여차–홍포 해안비경, 공곶이·내도, 거가대교가 있고, 거제 9미로는 대구탕, 굴구이, 멍게·성게비빔밥, 도다리쑥국, 물메기탕, 멸치쌈밥·회무침, 생선회, 볼락구이, 바람의 핫도그가 있다.

더불어 거제에서 생산되는 9가지 특산품인 거제 9품에는 대구, 멸치, 유자, 굴, 돌미역, 맹종죽순, 표고버섯, 고로쇠수액, 왕우럭조개가 있다.

남파랑길 트레킹을 하면서 맹종죽순체험길, 매미성, 김영삼대통령 생가 및 기록전시관, '충무공 이순신 만나러 가는 길', 옥포항 대우조선해양, 양지암등대, 능포양지암조각공원, 공곶이, 가라산 정상, 노자산과 대봉산 둘레길, 청마 유치환 생가 등도 둘러본다.

장목항 다이버수산의 해물4단찜, 장승포항과 지세포항의 생선회, 멍게비빔밥, 성게비빔밥도 유명하다.

구간	코스	구 역	거리 (Km)	주요관광지
거제	16	사등면사무소 ~ 고현버스터미널	13.0	성포위판장, 거제 사등성, 사곡해수욕장
	17	고현버스터미널 ~ 장목파출소	19.1	장목항, 유계리 맹종죽, 석름봉둘레길 거제맹종죽테마공원
	18	장목파출소 ~ 김영삼대통령 생가	16.4	두모몽돌해수욕장, 장목항 다이버수산 매미성, 대금산, 김영삼대통령생가
	19	김영삼대통령 생가 ~ 장승포 시외버스터미널	15.5	거제몽돌해변, 이순신 만나러가는길 옥포대첩기념관, 옥포항, 대우조선해양
	20	장승포 시외버스터미널 ~ 거제어촌민속전시관	18.7	능포수변공원, 양지암 등대 양지암 조각공원, 소노캄거제
	21	거제어촌민속전시관 ~ 구조라 유람선터미널	14.7	지세포항, 지심도전망대, 공곳이, 죽도 서이말등대, 외도보타니아, 와현해수욕장
	22	구조라 유람선터미널 ~ 학동고개	14.4	구조라항, 구조라성, 구조라해수욕장 망치몽돌해변, 북병산 망치고개 황제의길
	23	학동고개 ~ 저구항	9.5	뫼바위전망대, 가라산, 다대산성 학동흑진주몽돌해변
	24	저구항 ~ 탑포마을 입구	10.6	저구항, 무지개길, 명사해수욕장 쌍근항, 쌍근어촌체험마을, 탑포항
	25	탑포마을 입구 ~ 거제파출소	14.6	노자산, 거제메주마을, 거제항
	26	거제파출소 ~ 청마기념관	13.2	거제스포츠파크, 대봉산,산방산, 외간항 외간리 동백나무, 신두구비재
	27	청마기념관 ~ 장평리 신촌마을	10.3	청마유치환생가, 청마기념관, 견내량항 거제둔덕기성, 구거제대교
	계		170.0	거제 섬&섬길 충무공이순신 만나러가는길

5. 사천&남해&하동구간

　한려해상국립공원과 다도해해상국립공원을 품고 있어서 섬과 바다가 어우러진 천혜의 경관을 자랑하는 사천&남해&하동구간은 총거리 212.2Km로, 14개 코스로 구성되어 있다.

　사천에는 대표적인 관광명소인 삼천포대교와 사천바다케이블카, 실안낙조, 와룡산철쭉, 신지리성 벚꽃, 용두공원과 청룡사 겹벚꽃, 사천읍성 명월, 비토섬 갯벌, 봉명산 다솔사, 남일대 코끼리바위의 사천 9경이 있고, 사천 비행장이 있으며 우주항공복합도시로 급부상하고 있다.

　남해를 대표하는 볼거리는 남해 금산과 보리암, 남해대교와 남해 충렬사, 창선교와 남해지족해협 죽방렴, 창선-삼천포대교, 남해 물건리 방조어부림과 물미해안, 상주은모래비치, 송정 솔바람해변, 남해 가천 암수바위와 남면해안, 남해 관음포 이충무공 전몰 유적지, 서포 김만중선생 유허와 노도, 망운산과 화방사, 호구산과 용문사의 남해 12경이 있다. 남해는 보물섬이라고 불릴 정도로 천혜의 관광명소들이 무궁무진하고, 독일마을 맥주축제, 창선의 고사리삼합축제, 다랭이마을 해맞이축제, 보물섬 마늘 · 한우축제 등 다양한 축제도 계절따라 열린다.

　대표적인 먹거리로는 가인리 고사리, 삼동면 지족지구 죽방염 멸치쌈밥, 미조항 물회, 설천면 노량지구 해초회덮밥, 하동 섬진강주변 재첩요리 등이 유명하다.

구간	코스	구 역	거리 (Km)	주요관광지
사천	34	하이면사무소 ~ 삼천포대교 사거리	10.2	삼천포항, 남일대해수욕장, 진널전망대 노상공원, 삼천포용궁수산시장, 팔포항
	35	삼천포대교 사거리 ~ 대방교차로	12.7	대방사, 각산전망대, 신안노을길 백천사
남해	36	대방교차로 ~ 창선파출소	17.5	삼천포대교, 연육교, 단항 왕후박나무 연태산, 운대암
	37	창선파출소 ~ 적량버스정류장	15.0	동대만방조제, 식포~가인 고사리밭 속금산, 세심사, 적량해비치마을
	38	적량버스정류장 ~ 지족리 하나로마트	12.0	장포항, 추섬공원, 창선교
	39	지족리 하나로마트 ~ 물건마을	9.9	지족해변, 죽방렴, 전도갯벌, 둔촌갯벌 물건방조어부림, 물건항
	40	물건마을 ~ 천하몽돌해변 입구	17.0	독일마을, 원예예술촌, 바람흔적미술관 나비생태관, 국립남해편백자연휴양림
	41	천하몽돌해변 입구 ~ 남해바래길 안내센터	15.4	천하몽돌해변, 상주은모래해변, 남해금산 보리암, 두모체험마을, 노도, 원천항
	42	남해바래길 안내센터 ~ 가천다랭이마을	17.7	앵강다만, 미국마을, 월포해수욕장 홍현해라우지마을, 가천다랭이마을
	43	가천다랭이마을 ~ 평산항	13.5	빛담촌, 설흘산, 선구항, 사촌해변
	44	평산항 ~ 서상여객선터미널	13.5	평산항, 임진성, 천황산전망대 장항해변, 남해스포츠파크
	45	서상여객선터미널 ~ 새남해농협중현지소	12.6	예계마을 벚꽃길, 노구 가직대사 삼송 유포어촌체험마을
	46	새남해농협중현지소 ~ 노량공원주차장 해안데크길	17.6	관음포, 이순신순국공원, 이락사 충렬사, 노량대교, 남해대교
하동	47	노량공원주차장 해안데크길 ~ 섬진교 동단	27.6	노량항, 섬진강습지공원, 재첩특화마을 하동포구공원, 하동송림공원, 섬진교
	계		212.2	남해바래길, 이순신호국길, 관세음길

South Sea of Korea
Namparang Trail Route Information
90 routes 1,470km

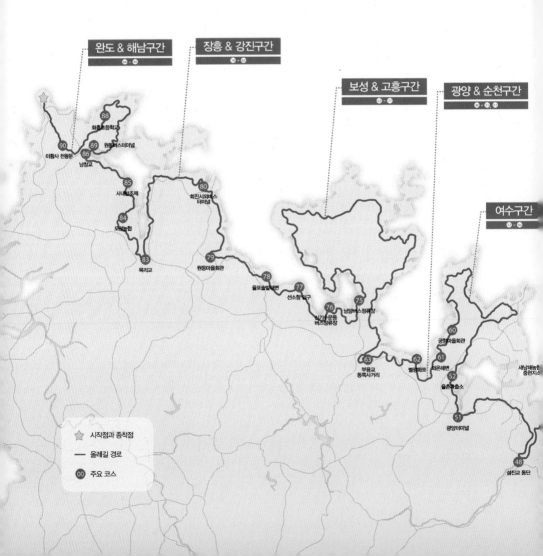

완도 & 해남구간
⑧ - ⑨

장흥 & 강진구간
⑦ - ⑧

보성 & 고흥구간
⑥ - ⑦

광양 & 순천구간
⑥ - ⑥, ⑥

여수구간
⑤ - ⑥

88
화홍초등학교
89
원동버스터미널
90
미황사 천왕문
86
남창교
85
사내방조제
84
도암농협
83
옥리교
80
회진시외버스
터미널
79
원등마을회관
78
율포솔밭해변
77
선소항 입구
76
신기~운동
버스정류장
75
남양버스정류장
63
부용교
동쪽사거리
62
벌량화포
61
와온해변
60
궁항마을회관
52
율촌파출소
51
광양터미널
48
섬진교 동단
새남해농협
중현지소

★ 시작점과 종착점

— 올레길 경로

⑩ 주요 코스

90 routes
1,470km

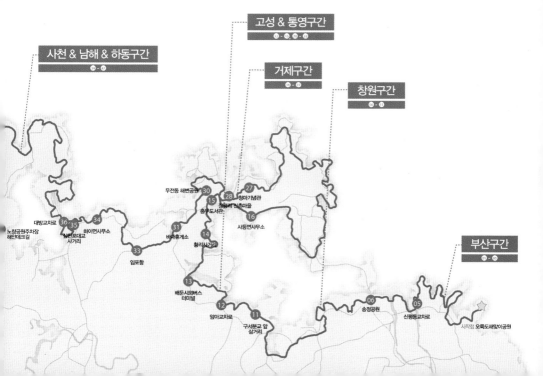

사천 & 남해 & 하동구간

고성 & 통영구간

거제구간

창원구간

부산구간

무전동 해변공원
30
15
28
27 청마기념관
충무도서관
장평리 신촌마을
16
사동면사무소
31
14
비바휴게소
황리사거리

대방교차로
36 35
노량공원주차장   하이면사무소
해안데크길   삼천포대교
삼거리
33
임포항

13
배둔시외버스
터미널
12
06
05
암아교차로   송정공원   신평동교차로
11
구서분교 앞   시작점 오륙도해맞이공원
삼거리

NAMPARANG
ROUTE
01

오륙도해맞이공원 → 부산역

유엔기념공원과 역사적 초량동 이바구길 탐방

거리(km)
23.5

시간(시.분)
7:50

도보여행일: 2021년 03월 06일

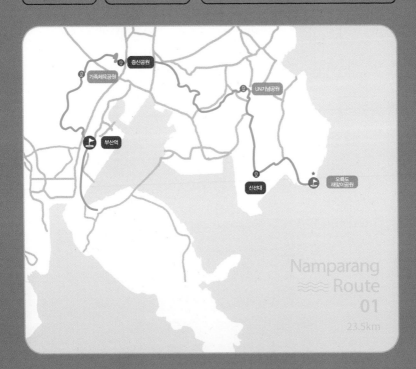

★ 꼭 들러야 할 필수 코스!

부산구간

	3.0k 0:50		4.0k 1:10	
오륙도 해맞이공원		신선대		UN기념공원

9.9k
3:40

	4.2K 1:10		2.4k 1:00	
★ 부산역		가족체육공원		증산공원

남파랑길 1코스 (오륙도해맞이공원~부산역)
유엔기념공원과 역사적 초량동 이바구길 탐방

봉래산 정상에서 바라본 오륙도

2021년 3월 6일 아침 6시 30분, 부산행 SRT 열차 안에서 4형제가 만났다. 앞으로 약 2년에 걸쳐 걸을 남파랑길을 시작하는 첫날이다. 봄이 문턱에 다가와 포근하지만, 이른 아침 공기는 제법 쌀쌀했다. 코로나로 인해 여행자가 드물어 좌석이 텅 비어 있었다. 차창 쪽에 앉아 창밖을 물끄러미 바라보며 지난날 해파랑길을 완주했던 시절을 회상해 보았다. 그 무더운 여름날 고생이 많았다. 앞으로 전개될 남파랑길을 머릿속으로 그려보며 무사히 완주하기를 기원해 본다.

8시 5분에 부산역에 도착해 초량동에서 아침식사를 하고 택시로 오륙도해맞이공원에 도착했다. 남파랑길에 관한 정보를 얻기 위해 남파랑길 안내소에 들렀으나 안내 책자가 한 권뿐이었다. 안내원에게 인증에 관해 문의하였으나 대답이 신통치 않았다. 해파랑길을 완주한 경험

을 바탕으로 남파랑길도 완주하
겠다고 다짐하고 남파랑길 1코스
안내판 앞에서 코스에 관한 사항
을 숙지한 뒤, 오륙도 스카이워크
로 향했다. 날씨는 쾌청하나 바람
이 몸을 지탱하기 어려울 정도로
심하게 불었다. 오륙도 스카이워
크를 걸으며 오륙도 풍경과 이기
대 산책로 등을 감상한 후 승두말
로 내려갔다.

오륙도는 방패섬, 솔섬, 수리
섬, 송곳섬, 굴섬, 등대섬의 여섯
개 섬으로 구성되어 있는데, 밀물

남파랑길 출발 지점

때는 여섯 개로 보이지만 썰물 때
는 방패섬과 솔섬의 아랫부분이
붙어서 다섯 개로 보인다고 해서
붙여진 이름이다. 동해와 남해를
구분하는 분기점이며 명승 제24
호로 지정되었다.

남파랑길 출발 지점(승두말)

승두말 끝부분의 남파랑길 시
작 지점에서 1코스 출발 인증샷을 찍고, 기필코 남파랑길을 완주하겠다고 굳게 다짐하며 1,470km 대장정의 첫발을 내디뎠다.

오륙도 유람선 선착장을 출발해 백운포를 향해 오륙도로를 따라 걸었다. 해안 절경지인 백운포를 바라보며 걷는 도중, 주변에 개나리와 동백꽃이 예쁘게 피어 있었다. 봄이 왔음을 알려주었다. 도로 주변은 천주교 공동묘지로 묘지가 많았다. 백운포에는 독립투사 안중근 의사의 여동생 안성녀(루시아)의 묘가 있었다.

약 3km를 걸어 신선대에 도착했다. 신선대는 우암반도 남단 용당동 해변의 바닷가 절벽과 산정을 일컫는 말로, 산 정상의 무제등이라는 바위에 신선의 발자국이 있어 신선대라고 불렀다. 신선대 입구에 들어서

신선대에서 바라본 부산항 컨테이너

시계방향으로 산길을 걸으며 오
륙도와 백운포의 풍경을 감상하
고 애국지사 정몽석 묘소에 도착
했다. '한·영 첫 만남 기념비'를
지나 무제등 옆 신선대전망대에서
사방을 둘러보니 오륙도와 영도,

UN기념공원

조도, 부산 내항 등의 경치가 너무 아름다웠다. 드넓은 부산항 선착장에
많은 컨테이너가 즐비하게 늘어서 있는 모습을 보며 우리나라가 수출
대국임을 실감할 수 있었다. 동백숲 가로수길을 내려와 무제등공원을
지나 UN기념공원에 도착했다.

UN기념공원은 6.25 한국전쟁에 참가한 유엔군 참전국 총 22개국
중 영국, 캐나다 등 11개국의 2,311명의 전몰장병이 잠들어 있는 세계
유일의 유엔군 묘지다. 평화공원 내의 유엔군위령탑을 구경하고, 부산
수목전시원을 둘러봤다. 무궁화원에 여러 종류의 무궁화나무가 있었다.
무궁화는 "무궁무진하게 꽃이 핀다"라고 해서 무궁화라고 하며, 구한말
에 애국가 가사가 만들어질 때 "무궁화 삼천리 화려강산"이라는 구절에
서 대한민국 국화가 되었다는 사실을 새롭게 알게 되었다. UN기념공원
에 들어가 국가별 안장 현황과 묘역 배치도를 보고 기념관, 상징 구역,
주 묘역, 조각공원 등을 엄숙한 마음으로 둘러봤다. 바람에 펄럭이는 각
국의 국기와 사각으로 절도있게 정비된 회양목을 구경하며 배롱나무,
목련나무, 동백나무, 향나무 등으로 잘 꾸며놓은 가로수길을 걸었다. 바

닥에 떨어진 붉은 동백 꽃잎을 누군가가 하트모양으로 만들어 놓아 무척 예뻤다. 추모관에 잠시 들러 감사한 마음으로 기도하고 부산문화회관으로 이동했다.

대연동의 수빈추어탕에서 점심식사를 하고 우암동 도시숲을 향해 갔다. 우암동 일대가 재개발로 인해 공사 중이었다. 남파랑길 안내판과 리본을 따라 걷다가 길을 잘못 들었다. 두루누비 앱을 켜서 확인해 보니 엉뚱한 곳에서 헤매고 있어서 다시 되돌아 나와 현대주유소를 지나 소막마을로 갔다. 우암동 마실길 안내판을 숙지하고 우암동 도시숲을 향해 갔는데 동항성당에서 길이 완전히 막혀버렸고 포토존도 찾을 수 없었다. 주민에게 물어보았으나 길을 아는 사람이 없어서 가던 길을 되돌아 나왔다. 큰 도로에서 남파랑길 표지판을 어렵게 찾아 걷다가 장고개에 도착했다. 우암동에서 문현동으로 "장을 보러 갈 때 넘는 고개"인 장고개를 넘어 문현동 곱창골목에 도착했다.

우암동 마실길 안내도

장고개

도로 양쪽으로 곱창집이 즐비
했다. 칠성식당, 연일곱창 등 일제
시대 이곳에 가축시장이 있어 자
연스레 형성된 것이라고 한다. 한
접시 먹고 싶었지만 조금 전에 점
심식사를 했고, 또 가야 할 길이
멀어서 참았다.

문현곱창골목

문현교차로를 지나고 범일교
를 지나 부산진시장에 도착했다.
갈맷길 표지판은 있는데 남파랑길
표지판이 없다. 범일로 육교 위에
서 갈맷길 표지판을 따라 걷다가
방향이 이상하다고 느껴 두루누비

부산진 일신여학교

앱을 켜보니 또 길을 잘못 들었다. 남파랑길은 부산진시장 지하도를 통
과했다. 으스스하고 무서웠다. 표지판을 따라 걸으며 정공단에 도착했
다. 정공단은 임진왜란 때 첫 전투지인 부산진성 전투에서 일본군과 싸
우다 순국한 정발 장군과 그 일행을 모신 제단이다. 청와대식당의 남파
랑길 안내표지판을 따라 부산진교회를 지나 부산진일신여학교에 도착
했다. 부산진일신여학교는 부산·경남 지역 최초의 신여성 교육기관으
로 3.1 독립운동의 깃발을 처음으로 올렸던 독립운동의 산실이다. '부산
동구 출신 독립운동가 거리'에 들어서니 담장 석축에 기미독립선언서,

급경사 계단과 모노레일

3.1운동 민족대표 33인, 독립선언문, 임진 전란도 등을 잘 그려 놓았다.

증산공원을 향해 올라가는데 까마득하게 높은 곳에 수없이 많은 계단과 모노레일이 설치되어 있었다. 험난한 해외 산악지대에나 있을 법한 모노레일 옆 계단을 걸어서 증산공원에 도착했다.

근현대사를 거쳐 구불구불하게 나 있는 부산 마을길을 걸으며 마주치는 부산의 속살은 나에게 큰 충격을 주었다. 눈앞에 내려다보이는 큰 도로를 기준으로 해안가 쪽으로는

증산공원에서 바라본 범일동

고층주상복합빌딩들이 숲을 이루고 있는 반면, 언덕 쪽으로는 1970년대~1980년대를 보는 듯 낡고 허름한 가옥들이 산비탈에 다닥다닥 붙어 있었다. 증산은 정공단의 뒷산으로, 바다에서 바라보면 산 모양이 시루와 같이 생겨서 가마(釜:부)와 시루를 연결하여 부산(釜山)이라는 지명이 생겼다고 한다. 증산전망대에서 사방을 둘러보고 증산 외성을 따라 걸어 내려오며 범일동 일대를 바라보니 산 밑에 다닥다닥 붙어 있는 한옥들이 매우 인상적이었다.

이색적인 웹툰 이바구길을 지나면서 사방을 구경하고 수정산 가족체육공원을 향해 갔다. 수정동 산책로를 따라 걸으면서 하루 종일 걸어온 길을 되돌아보고 부산 시내도 바라보았다. 수도 없이 부산에 왔었지만, 오늘처럼 부산의 속살을 들여다보기는 처음이었다. 현대와 과거가 공존하는 곳! 새로운 면을 맛보았다. 구봉산 치유의 숲길과 초량천 숲 체험장을 지나고 금수사를 지나서 초량 이바구길 모노레일 168계단에 도착했다.

웹툰 이바구길

수정산 산책로에서 바라본 초량동

구봉산 치유의 숲길

초량 이바구길은 6.25 전쟁 피난민들의 삶의 애환과 못살던 시절 신발공장 오가며 우리 경제를 지탱했던 여공들의 자취가 남아 있는 길이라고 한다. 초량전통시장을 지나 부산역 광장에서 남파랑길 1코스를 마무리했다. 부산차이나타운에 있는 만두전문점 신발원에서 저녁식사를 했다. 군만두, 고기만두, 새우교자만두 등 다양하게 먹어보았는데, 따뜻한 콩국수를 곁들인 것이 별미였다. 만보기를 열어보니 오늘 41,585보나 걸었다. 대단했다!

초량전통시장

부산차이나타운

NAMPARANG
ROUTE
02

부산역 → 영도대교 입구

태종대와 영도대교까지 이어지는 절영해안산책로

거리(km)
18.6

시간(시 분)
6:50

도보여행일: 2021년 03월 07일

부산역
영도대교 입구
깡깡이 예술마을
봉래산
흰여울문화마을
고신대학교

Namparang
Route
02
18.6km

★ 꼭 들러야 할 필수 코스!

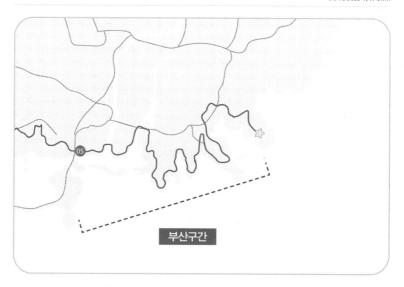

부산구간

	6.4k 2:30		3.1k 1:10	
부산역		봉래산		고신대학교

5.4k
1:50

	1.2K 0:30		2.5k 0:50	
★ 영도대교 입구		깡깡이 예술마을		흰여울문화마을

남파랑길 2코스 (부산역~영도대교 입구)
태종대와 영도대교까지 이어지는 절영해안산책로

중리바닷가

여행의 즐거움은 볼거리, 먹거리, 이야깃거리에 있다. 눈이 즐거워야 하고 배가 불러야 하며 전설이나 유래 같은 사연이 있어야 한다. 오늘도 좋은 일행들과 함께 트레킹을 시작했다.

부산의 먹거리 하면 아침식사로 유명한 돼지국밥이 떠올랐다. 곳곳에 유명한 돼지국밥집이 있었지만, 부산역 뒤편의 '원조 본전돼지국밥'도 유명했다. 우리 일행은 입맛이 까다로워 초량동 돼지갈비 골목에서 낙지볶음으로 아침식사를 했다.

부산역 2코스 출발 지점

부산역 광장의 2코스 출발점에서 인증샷을 찍고 부산대교 방향으로 걸어갔다. 부산역 풍물거리를 지

부산대교에서 바라본 부산항

나면서 담장에 그려진 조선통신사 행렬도 벽화를 감상했다. 연안부두 삼거리를 지나 부산대교에 도착하니 부산항과 용두산공원 일대가 내려다보였다. 부산항에 정박한 수많은 어선과 광복동의 대형 건물들, 해안가의 고층 주상복합건물들이 어우러진 경치가 아름다웠다.

부산대교를 건너 태종대 방향으로 걸어가다 보니 봉래동에서 급경사 오르막길이 나타났다. 산복도로 확장공사 중이라 산비탈의 경사가 너무 심해 지나가는 자동차들이 우리 쪽으로 곤두박질치듯 달려와서 매우 무서웠다. 선불사 부근의 한 주택에서는 살아있는 나무에 의지

봉래동

해 담장을 설치해 놓아서 나무가 자라면서 벽이 무너지지 않을까? 걱정되었지만, 담벽과 한 몸이 되어 구불구불하게 자라고 있는 거목의 자태가 신기하고 경이로웠다.

봉래골 그린공원 약수터에서 오른쪽으로 돌아 편백나무숲을 지나 청학동 해돋이마을로 이동했다. 해오름전망대에서 부산항 일대를 바라보니 어제 하루 종일 걸어온 길이 한눈에 들어왔다. 길옆에 나란히 모셔진 세 구의 묘에서 바라본 부산항의 전경이 너무나 아름다워 이곳이 명당 자리 같았다.

고구마 시배지인 영도 조내기 고구마역사공원에 도착했다. 우리나라 최초의 고구마 재배지인 이곳은 조선 후기 통신사 조엄이 춘궁기 식

조내기 고구마역사공원

봉래산 불로문

량 대용으로 고구마를 들여와 재배했던 곳으로, 조엄이 백성을 사랑한 마음을 기리기 위해 조성한 공원이라고 한다.

불로초공원의 불로문을 지나 전망대에 도착하니 부산항, 신선대, 오륙도, 한국해양대학교 등 부산 동쪽 전경이 파노라마처럼 한눈에 들어왔다.

봉래산은 영도의 중앙에 있는 해발 395m의 산으로, 봉황이 날아드는 것처럼 생겼다고 하여 봉래산이라고 한다. 정상에는 봉래산 할매바위가 있으며 영도 삼신할매는 영도 주민을 보호해 주는 산신으로 많은 사람들이 합장 기도하고 있었다. 정상 동쪽 전망대에서 바라본 부산항, 부산항대교, 황령산, 장산, 광안대교, 해운대, 이기대공원, 오륙도 등 동쪽의 전망이 매우 아름다웠다. 서쪽 전망대에서는 암남공원, 감천항, 가

봉래산 정상 전망대에서 바라본 부산 전경

덕도, 송도해수욕장, 남항대교, 천마산, 자갈치시장, 영도대교, 부산대교
가 파노라마처럼 한눈에 들어왔다. 가덕도 신공항 건설지로 주목받는
가덕도가 바로 눈앞에 보였다.

　봉래산 정상에서 풍경을 마음껏 즐기고 광명고등학교 방향으로 하
산하여 고신대학교를 지나 KT 동삼빌딩 앞 절영로 사거리에서 중리바
닷가로 걸어갔다. 중리해안에 들어서면 해안을 따라 85광장에서 흰여
울 바다전망대에 이르는 절영해랑길과 영도해녀문화전시관에서 절영

해안산책로 관리동까지의 절영해안산책로가 나타난다. 반들반들한 조약돌로 바닥을 꽃 모양으로 수놓은 해안산책로를 걸으며 탁 트인 바다와 시원한 바닷바람을 마음껏 즐겼다. 두 길을 번갈아 걸으면서 중리해변, 85광장, 태평양전망대, 절영전망대를 거쳐 75광장에 도착했다. 75광장은 1975년에 조성되어 그 이름이 붙여졌다. 75광장 앞 소고기로 유명한 '목장원'에서 점심식사를 했다. 건물도 크고 내부 시설도 웅장하며 조경도 잘 갖춰져 있어 좋았지만, 음식값이 다소 부담스러웠다. 소고기 특수 부위가 100g에 5만 원이라고 하는데, 점심식사로 우리 4명이 먹자니 경비가? 아쉽지만 갈비탕으로 기분 좋게 먹고 나왔다.

75광장에서 절영해안산책로로 내려가서 출렁다리, 대마도전망대, 돌탑, 흰여울 바다전망대, 흰여울문화마을, 파도의 광장을 거쳐 흰여울해안터널에 도착했다. 터널 안에서 기념 촬영도 하고 피아노계단을 바라보며 해녀촌을 지나는데 바닷가에서 해녀들이 잡아 온 해산물을 팔

절영해안산책로 출렁다리

절영해안산책로

흰여울문화마을   남항대교

고 있었다. 따뜻한 봄날의 주말이라 많은 부산시민이 나와 마스크를 쓰고 코로나19 방역 수칙을 준수하며 해안산책로를 걷고 흰여울문화마을도 구경하고 있었다. 흰여울문화마을은 '변호인', '범죄와의 전쟁' 등 수많은 영화작품 촬영지로도 유명한 곳이다. 시민들과 어울려 남항대교와 등대를 바라보며 해안 경치를 즐기면서 산책로 관리동에 도착했다.

남항호안해상조망로에서 흰여울문화마을을 바라보니 옹기종기 모여 있는 하얀 집들과 따스한 봄햇살에 빛나는 에메랄드빛 푸른 바다가 어우러진 절영해안산책로가 환상적인 풍광을 자아냈다. 남항대교와 수많은 테트라포드를 쌓아 올린 방파제와 붉은 등대가 너무 아름다웠다.

조선소와 조선 수리 관련 업체들이 밀집한 영도 대평동의 깡깡이 예술마을에 도착했다. 무수한 배들이 정박해 있고 갖가지 부품들도 즐비했다. 깡깡이 예술마을은 녹슨 배의 표면을 망치질로 깡깡 쳐서 녹을 벗겨내는 소리에서 유래되었다고 하며, 1912년 우리나라 최초로

깡깡이 예술마을

엔진을 장착한 목선을 만든 '다나카 조선소'가 세워진 이곳에 대평동 깡깡이 예술마을 거리박물관이 설립되었다고 한다.

남파랑길 표지판을 따라 깡깡이 예술마을을 지나 영도대교 초입에

영도대교

도착하니 '굳세어라 금순아'로 유명한 가수 현인의 동상과 노래비가 있었다. 학창 시절에 즐겨 불렀던 애창곡이다. 콧노래로 흥얼거리며 영도대교를 건너 유라리광장에 도착했다. 영도대교 밑에 피난가족동상이 있는 유라리광장은 6.25 피난 시절 때 가족들의 만남의 장소였다고 한다. 가족동상 앞에 쓰인 "영도다리! 거~서 꼭 만나재이~"라는 문구가 가슴을 뭉클하게 했다.

'굳세어라 금순아' 현인 노래비

유라리광장

초량사거리의 '골목갈비집'에서 돼지갈비로 저녁식사를 하고, KTX 열차로 귀가했다.

'골목갈비집'의 돼지갈비

영도대교 입구 → 감천사거리

자갈치시장부터 암남공원 두도전망대까지, 부산의 진수를 맛보며

거리(km)	시간(시.분)	도보여행일: 2021년 03월 27일
17.4	7:00	

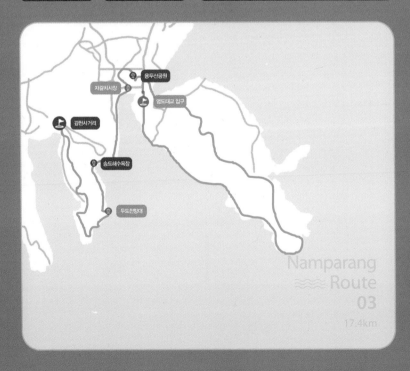

용두산공원
자갈치시장
영도대교 입구
감천시거리
송도해수욕장
두도전망대

Namparang
Route
03
17.4km

★ 꼭 들러야 할 필수 코스!

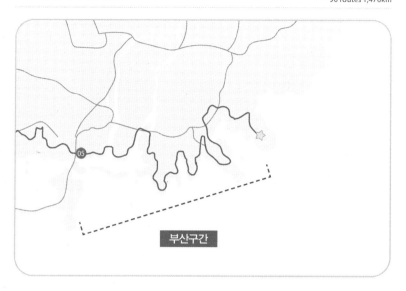

부산구간

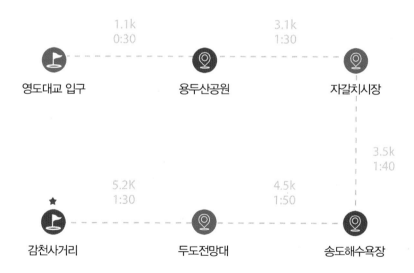

1.1k
0:30

3.1k
1:30

영도대교 입구   용두산공원   자갈치시장

3.5k
1:40

5.2K
1:30

4.5k
1:50

감천사거리   두도전망대   송도해수욕장

남파랑길 3코스 (영도대교 입구~감천사거리)
자갈치시장부터 암남공원 두도전망대까지, 부산의 진수를 맛보며

송도 해상케이블카

　전국적으로 비가 온다고 했지만, 우의를 준비하고 이른 아침 부산
역에 도착했을 때는 다행히도 비는 내리지 않았다. 자갈치시장에서
아침식사로 생선구이 특대를 주문했다. 갈치, 가자미, 서대, 고등어,
메로 등 다양한 생선들을 골고루 구워주었다. 내가 가장 좋아하는 '열
기구이'를 먹고 싶었지만, 모듬 생선구이를 시켰더니 메로구이도 질
기고 생선구이가 마음에 들지 않았다. 다음부터는 단일 메뉴로 주문하
기로 마음먹었다.

　아침식사를 마친 후 유라리광장으로 갔다. 유라리광장에서 자갈치
시장과 웃음등대, 영도대교를 배경으로 기념사진을 찍고 영도대교 입구
에서 3코스 트레킹을 시작했다.

유라리광장의 웃음등대   용두산공원

　지하도를 건너 가파른 계단을 올라 용두산공원에 도착했다. 산의 형
세가 용이 백두대간을 타고 내려와 바다를 향해 뻗어나가는 용의 머리
와 같다고 해서 용두산이라고 한다. 이곳 용두산공원에는 120m 높이의
부산타워와 커피숍이 있고, 주변에 충무공 이순신 장군 동상, 부산시민
의 종, 꽃시계, 벽천폭포, 부산 시인의 시비 등이 있었다. 부산타워 전망
대에 올라가면 부산항 주변 시가지가 한눈에 들어온다고 하는데, 코로
나19로 전망대가 폐쇄되어 아쉽게도 올라갈 수 없었다.

　용두산공원을 둘러본 후 보수동 책방골목으로 갔다. 보수동 책방골
목은 6.25 전쟁 당시 부산이 임시수도였을 때 함경북도에서 피난 온 부
부가 처음으로 헌 잡지를 팔면서 자연스럽게 형성되었다고 한다. 옛날
책들로 가득한 추억의 책방골목을 걷다 보니 마치 타임머신을 타고 70

보수동 책방골목

부평깡통시장의 어묵 골목

부산 BIFF광장

년 전 1950년대로 돌아간 듯한 기분이었다.

건널목을 건너 '국제시장'의 본 무대인 국제시장 골목과 부평깡통시장 골목으로 들어섰다. 부평깡통시장의 어묵 골목에서 다양하고 신선한 어묵들을 맛보았다. 양곱창 골목을 지나 국제시장의 조명의 거리, 만

물의 거리, 아리랑 거리 등을 지나, BIFF(부산국제영화제)광장에 도착
했다. 국제시장에는 간판 이름대로 다양한 물건들이 가득했고 시장마다
많은 관광객들로 북적였으며, BIFF광장에도 씨앗호떡을 사 먹는 외국
관광객들로 긴 줄이 늘어서 있었다.

도로를 건너 자갈치시장으로 갔다. 자갈치시장은 과거 광복 귀환 동
포와 6.25 전쟁 피난민의 억척같은 삶이 녹아 있는 곳이다. 각종 생선가
게와 채소, 과일 등을 파는 상점들이 밀집해 있었다. 자갈치시장의 싱싱
한 생선들을 구경하며 꼼장어 포장마차 골목과 채소, 과일로 가득한 충
무동 새벽시장을 지나 남항대교 밑에 도착했다.

자갈치시장

송도해수욕장

　남항대교 밑에서 지난날 걸어온 길을 되돌아보고 송도해수욕장에서 송도 해상케이블카를 타고 암남공원으로 이동했다. 해상케이블카 위에서 바라보니 송도해수욕장, 남항대교, 흰여울문화마을, 절영해안산책로가 한 폭의 그림처럼 한눈에 들어왔다. 암남공원에 도착해 기념사진을 찍고 용궁구름다리를 한 바퀴 돌았다. 용궁구름다리를 건너 동섬에서 바라본 송도 해변 전경이 쪽빛 바다와 어울려 너무 아름다웠다.

　송도해수욕장에서 물회로 점심식사를 한 후, 거북섬의 송도구름산책로를 걷고 송도해수욕장의 고운 모래가 햇살에 반짝이는 모습을 구경하며 현인광장을 지나 송도해안볼레길을 걸었다. 부산지질공원으로

암남공원 소원의 용

암남공원 용궁구름다리

지정된 송도해안산책로는 보수공사로 인해 출입이 통제되어 우회하여 암남공원으로 올라갔다. 암남공원의 흔들다리, 동백나무길, 제1전망대, 포구나무 쉼터를 지나 두도전망대에 도착해 새들의 땅 두도를 구경했

다. 암남공원 산책로 중간중간에 설치된 사랑계단, 허그나무 쉼터, 명상센터 등 다양한 하트 모양의 조형물들이 여행의 즐거움을 더해 주었다.

두도전망대 사랑계단

　　잘 조성된 암남공원 치유의 숲

장군산 벚꽃길

길을 걸으며 산벚꽃, 진달래꽃, 라일락꽃 등의 숲 향기를 마음껏 즐겼
다. 암남공원 후문을 지나 감천동 방향으로 가는 길에 감천항 주변에서
'사조물류센터', '동원' 등 수많은 대형 수산물 냉동창고들을 감상했다.
장군산의 산복도로에는 벚꽃이 만발했다. 올해 처음으로 걸어보는 벚
꽃길이다. 향긋한 벚꽃 냄새에 젖어 마음껏 힐링하며 벚꽃 터널과 굴피

나무 군락지를 지나 감천동에 도착했다. 마을에는 정자와 큰 노거수가 있었다. 옛날 안동 장씨가 마을의 태평을 기원하기 위해 심었다는 수령 400년의 팽나무와 수령 200년의 느릅나무 두 그루가 있었다.

감천사거리에서 인증사진을 찍고 '명예해물잡탕'에서 해물잡탕으로 저녁식사를 했다. 날씨도 흐리고 몸도 피곤해서 얼큰한 국물을 기대하며 해물잡탕을 주문했는데 해물잡탕에 해물이 전혀 없어서 실망했다. 그런데 처음 먹어보는 스타일의 별미라 특이해서 맛있게 먹었다.

감천동 노거수

NAMPARANG
ROUTE
04

감천사거리 → 신평동교차로

다대포의 몰운대에서 아미산 벚꽃길까지, 봄의 향연

거리(km)
22.8

시간(시, 분)
8:20

도보여행일: 2021년 03월 28일

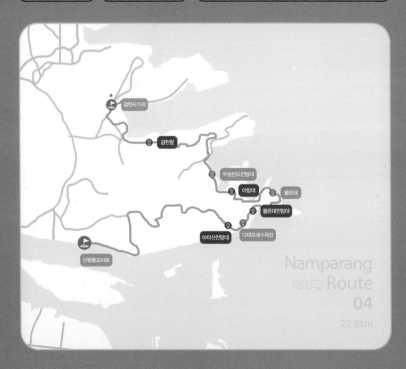

감천사거리

감천항

두송반도전망대
아맹대
몰운대
몰운대전망대
아미산전망대
다대포해수욕장
신평동교차로

Namparang
Route
04
22.8km

★ 꼭 들러야 할 필수 코스!

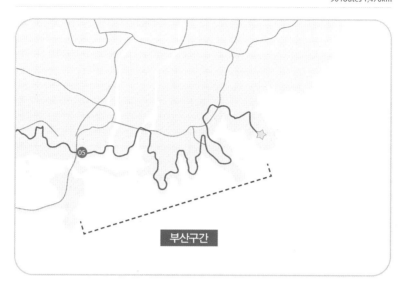

부산구간

	1.0k 0:40		3.5k 1:20	
감천사거리		감천항		두송반도전망대

2.4k 0:40

	1.5K 0:40		2.1k 0:40	
몰운대전망대		몰운대		야망대

2.3k 0:50

	1.9K 0:40		8.1k 2:50	
다대포 해수욕장		아미산전망대		신평동교차로

NAMPARANG
ROUTE
04

남파랑길 4코스 (감천사거리~신평동교차로)
다대포의 몰운대에서 아미산 벚꽃길까지, 봄의 향연

장림교에서 바라본 장림포구

　　새벽 창밖으로 송도해수욕장을 내다보니 밤새 내린 비가 송도 해변을 더욱 아름답게 만들었다. 거북섬 일대가 불빛이 어우러져 환상적인 풍경을 연출했다. 새벽 6시 송도거북섬 테마휴양공원을 산책하고자 했으나 기상특보 발령으로 출입이 통제되었다. 산책을 생략하고 송도해수욕장 주변에서 대구탕으로 아침식사를 했다.

감천항 담쟁이덩굴

　　감천동사거리에 도착해서 4코스 트레킹을 시작했다. 감천항 둘레길을 따라 걷는 동안 파릇파릇한 담쟁이덩굴이 담장을 뒤덮고 있었다. 이어지는 담장의 대각선 구도가 인상적인 풍경을 연출해서 감천항을 지

66　　형제가 함께 간 남파랑길(경상도편)

두송반도 해안길의 벚꽃 터널

나며 사진에 담았다. 구평동 주민회관을 지나 두송반도전망대에 도착
했다.

벚꽃이 만개한 화사한 벚꽃길을 걸으며 봄기운을 만끽했다. 비가 온
뒤라 공기도 상쾌하고 꽃들도 더욱

생생했다. 머리가 맑아지고 피로가
싹 사라지는 듯한 힐링의 순간이었
다. 두송반도 둘레길을 따라 걸으며
대선조선소에서 배를 건조하는 모
습을 구경하고 통일아시아드공원을

대선조선소

다대포 재래시장

지나 야망대에 도착했다.

야망대에서 배에서 일하는 어부에게 멸치 떼를 볼 수 있느냐고 물었더니 시기가 맞지 않아 볼 수 없다고 한다. 다대포항에 도착하니 항구는 어선으로 가득했고 활어회센터는 각종 생선으로 풍성했다. 좌판 위의 멍게가 먹음직스러웠지만 위생 상태가 좋지 않아 눈으로 구경만 하고 사지는 않았다.

몰운대 전 해변에서 잠시 휴식을 취하며, 파도에 밀려오는 미역을 건져 올리는 사람들을 구경했다. 바닷물이 황톳빛 흙탕물인데도 자연산 미역이라며 건져 올린 미역을 맛있게 먹는 모습이 인상적이었다. 몰운대는 부산시 기념물 27호로 부산 금정산의 끝자락에서 대한해협으로 이어지는 곳이다. 낙동강하구에 안개와 구름이 끼는 모습이 마치 안개

몰운대유원지

몰운대전망대 부근 바닷가

다대포해수욕장

속에 잠긴 듯한 인상을 주어 '몰운대(沒雲臺)'라는 이름이 붙었다고 한다. 조오련 선수가 화준구미에서 대마도까지 대한해협을 헤엄쳐 건넜다고 한다. 몰운대유원지는 소나무와 사스레피나무로 산책로가 잘 조성되어 있어서 바닷내음과 솔향을 맡으며 걷는 기분이 매우 좋았다. 몰운대 전망대에서 쥐섬, 동섬, 모자섬의 경치를 감상하고 모래 마당에서 해안 경치를 즐긴 뒤 다대포해수욕장으로 내려왔다.

　다대포해수욕장에서는 많은 사람들이 윈드서핑을 하고 해송 숲길을 걷거나 모형 비행기를 날리는 등, 다양한 여가 활동을 즐기고 있었다.

아미산 노을마루길   아미산전망대에서 바라본 낙동강하구 전경

데크길을 걸어가면서 갯벌에 서식하는 엽낭게와 달랑게를 관찰하는 재
미도 쏠쏠했다.

　다대포해수욕장 부근의 중국집에서 점심식사를 하고, 아미산 노을
마루길의 계단을 걸어 올라갔다. 아미산전망대에서 을숙도대교와 낙동
강하구둑의 전경을 감상했다. 아미산둘레길을 걸으며 벚꽃터널길을 내
려왔다. 어제와 오늘 이틀간 벚꽃 구경을 원도 한도 없이 즐겼다.

　아미산에서 내려와 국제금융고등학교를 지나 장림 생태공원에 도착

장림포구   을숙도대교 꽃탑

했는데 하천에서 악취가 많이 났다. 장림포구에 양옆으로 정박해 있는 배들이 쪽빛 하늘과 어우러져 경치가 환상적이다. 을숙도대교 꽃탑 앞에서 인증사진을 찍고 낙동강하구둑으로 걸어갔다.

벚꽃이 만발한 강변대로를 지나 신평동교차로의 신평역에서 지하철을 타고 부산역에 도착한 후, 차이나타운에서 저녁식사를 하고 KTX로 귀가했다.

강변대로 벚꽃길

NAMPARANG
ROUTE
05

신평동교차로 → 송정공원

낙동강하구둑에서 을숙도까지, 벚꽃과 함께하는 여정

거리(km)
19.8

시간(시, 분)
6:50

도보여행일: 2021년 04월 10일

신평동교차로

낙동강하구둑

명호교

명호사거리

명지명전

신호대교

신호공원

가덕대교

송정공원

Namparang
Route
05
19.8km

★ 꼭 들러야 할 필수 코스!

South Sea of Korea
Namparang Trail Route Information
90 routes 1,470km

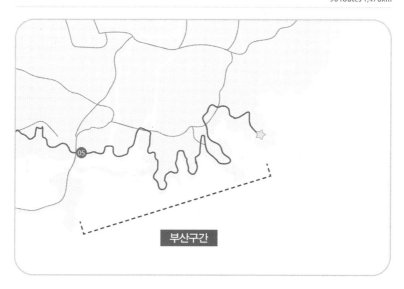

부산구간

	1.2k 0:20		2.5k 0:40	
신평동교차로		낙동강하구둑		명호교

	2.1K 0:40		1.8k 0:40		2.5k 0:50
신호대교		명지염전		명호사거리	

2.6k 1:00		5.2K 2:00		1.9k 0:40	
신호공원		가덕대교		송정공원	★

남파랑길 5코스 (신평동교차로~송정공원)
낙동강하구둑에서 을숙도까지, 벚꽃과 함께하는 여정

가덕도

KTX를 타고 부산을 향해 내려가는 동안 차창 밖으로 펼쳐지는 봄날의 풍경과 눈부신 햇살이 마음을 설레게 했다. 과수원에는 복숭아꽃이 화사하게 피었고, 산에는 산벚꽃이 만발했으며, 나뭇가지마다 연두색 새싹들이 생명을 불어넣은 듯 돋아나고 있었다. 김천을 지나면서 들판 위를 하얗게 덮은 비닐하우스를 보면서 행여나 계절 감각을 잃어버리지나 않을까 걱정을 해보았다.

신평동교차로 시작점

부산역 근처 초량동 돼지갈비 골목에서 낙지볶음으로 아침 식사를 했다. 주인아주머니께서 장떡, 청국장, 후식으로 포도까지 주셔서, 따뜻한 인정과 친절함이

낙동강하구둑

마음을 푸근하게 했다.

지하철 1호선을 타고 신평역에 도착한 후, 신평동교차로에서 오전 10시에 트레킹을 시작했다. 보름 전 화려한 벚꽃으로 가득 찼던 가로수 길이 이제는 파릇파릇한 나뭇잎으로 변해 있었다.

낙동강하구둑까지 강변대로를 따라 걸으면서 주변 경치를 감상했다. 민물과 바닷물이 만나는 낙동강하구둑 아래에서 많은 어선들이 고기를 잡고 있었다. 하굿둑 위에서도 많은 사람이 낚시질하느라고 분주했다. 강서구 명지오션시티와 을숙도의 전경을 감상하며 걸어갔다. 명호교를 지나 명지선창회타운에서 바라보는 낙동강하구둑과 을숙도 갈대밭의 풍경이 사하구 신평동의 풍경과 어우러져 한 폭의 그림을 연출

을숙도대교   을숙도 갈대숲

했다.

　을숙도대교 아래를 지나 명지오션시티로 접어들어 명지마을에 도착
했다. 명지마을은 대략 500년 전부터 사람이 살기 시작했는데, '큰비나
가뭄 등 천재지변이 있을 때마다 섬 어딘가에서 먼저 재난을 예고하는
소리가 섬 전체에 울려 퍼졌다'라고 한다. 그래서 명호(鳴湖)로 불리다
가 명지(鳴旨)로 되었다고 한다. 명지오션시티에서 차돌 짬뽕으로 점심

명지 염전   해안산책로와 가덕도

신호대교

식사를 하고, 가덕도와 너른 갯벌, 명지 염전 등 주변 풍광을 즐기며 해
안산책로를 걸었다.

    아름다운 해송길을 따라 걸으며 오선초등학교와 명호고등학교를 지
나 신호대교에 도착했다. 신호산업단지에 도착해서 갈증을 해소하기 위
해 로빈 뮤지엄에서 콜라와 아이스크림을 사 먹었다. 이곳은 10센트짜
리 코카콜라 벤딩머신, 마를린 먼로 코카콜라 선전광고 등 추억의 코카
콜라 장식품들로 가득했는데, 마치 미국 애틀랜타의 코카콜라 박물관에
온 듯한 느낌이었다. 카페 앞 옛날 자동차들을 전시해 놓은 자동차 공원
에서 어릴 적 추억을 되새기며 자동차를 배경으로 사진을 찍고, 해안산
책로를 따라 가덕대교 방향으로 걸어갔다.

소담공원

　가덕대교 방향으로 해안산책로를 걸으며 소담공원과 신호공원을 지나 신호항에 도착했다. 신호활어회센터를 지나 녹산 산단로를 걷는 동안 진우도, 눌차도, 가덕도, 가덕대교의 풍경을 감상했다. 요즘 언론에서 가덕도신공항 건설이 화젯거리인데, 정말로 이곳에 신공항을 건설하는지 궁금했다.

　가덕대교를 지나고 녹송3호교를 지나 부산신항 입구 교차로에서 부산 구간을 마치고, 녹산산업대로를 따라 창원 구간의 송정공원에 도착했다.

신호항

가덕대교   녹산산업대로

NAMPARANG
ROUTE
06

송정공원 → 제덕사거리

황포돛대 노래비와 웅천읍성의 역사적 발걸음

거리(km)
14.8

시간(시, 분)
5:00

도보여행일: 2021년 04월 11일

★ 꼭 들러야 할 필수 코스!

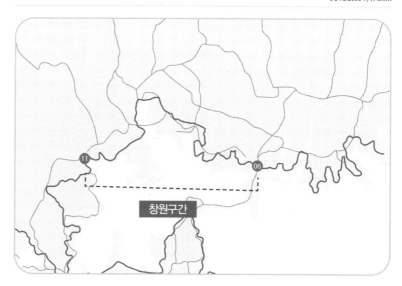

창원구간

	2.4k 0:50		6.5k 2:00	
송정공원		안골무궁화 공원		황포돛대 노래비

1.0k
0:30

	1.9K 0:40		3.0k 1:00	
제덕사거리		주기철 목사기념관		흰돌메공원

남파랑길 6코스 (송정공원~제덕사거리)
황포돛대 노래비와 웅천읍성의 역사적 발걸음

웅천읍성

용원어시장

송정공원을 출발해 용원동로를 따라 용원어시장에 도착했다. 이곳에서 멍게, 소라, 고동, 각종 조개 등 다양한 해산물들을 구경했다. 용원교를 건너 부산신항 사랑으로 부영아파트단지로 접어들었다. 웅천 안골왜성을 지나 안골 무궁화공원에 도착했다.

저녁 6시 30분, 늦은 시간이라 근처에서 숙소를 예약하고, 가덕도 횟집에서 도다리회로 저녁식사를 했다. 봄 제철 음식인 도다리의 식감이

용원교

쫄깃하고 신선했으며, 매운탕도 얼큰하고 담백했다. 한잔 술과 푸짐한 회로 배불리 식사하고, 숙소를 찾아 언덕을 넘어갔다. 불빛 하나 없는 캄캄한 밤에, 낯선 타향에서 스산한 밤공기를 마시며 잠자리를 찾아가는 모습이 다소 처량하기도 했다. 고생 끝에 도착한 숙소는 시설이 실망스러웠다. 어떻게 하나? 노숙보다야 좋지 않을까?

4월 11일 일요일, 아침 6시에 숙소를 출발했다. 도로를 걸으며 주변을 살펴보니 주위에 모텔이 많이 있었다. 왜 하필 그 모텔을 선택했을까? 이것도 우리와의 인연인가 보다. 약 한 시간가량 걸어서 진철교 부근의 '선돌네 기사식당'에서 백반 정식으로 아침식사를 했다. 오징어국이 나왔는데 어린 시절 어머니가 마른오징어와 무로 시원하게 끓여주

진철교에서 바라본 창원마천산업단지   창원남양산업단지

시던 그 맛이었다. 좀처럼 도시에서는 먹기 힘든 담백하고 소박한 음식이다. 주변에 오징어건조장이 있어서 쉽게 끓여주는 것 같았다. 잠시 향수에 젖어 보았다. 아침식사 후 진철교를 건너 창원마천산업단지로 이어지는 안골포길을 따라 영길마을회관을 지나서 대장천을 따라 걸어 내려갔다.

　안골포의 에메랄드빛 해안 경관을 즐기며 월남천을 지나 황포돛대 노래비 방향으로 걸었다. 분홍색 연산홍 꽃망울이 만발한 정자 쉼터에서 꽃들을 배경으로 멋진 사진을 찍었다. 봄꽃 속에 파묻혀 있으니 저절

정자 쉼터   황포돛대노래비

진해바다 70리길

로 웃음이 나고 신이 나서 콧노래를 흥얼거렸다. 황포돛대 노래비에 도착하니 가사가 적힌 거대한 대리석 노래비와 큰 느티나무가 있었다.

흰돌메공원

진해바다 70리길을 따라가니 흰돌메공원이 나타났다. 여기서 거대한 진해신항지구를 구경하고 '바다로 미래로'라고 적힌 동원로엑스

주기철목사기념관

냉장을 바라보며 해안길을 걸었다. 남문대교를 지나 남문경제자유구역
에 도착했다.

웅천동의 주기철목사기념관에 도착했으나 코로나19로 인해 내부
관람은 할 수 없었다. 웅천 1동에서 태어나서 항일 독립운동을 한 주기
철 목사의 항일 독립운동 자료를 전시한 기념관 정원에는 주기철 목사
가 항상 기도를 올렸다는 무학산 십자바위 조형물이 설치되어 있었다.

웅천읍성에 도착했다. 조선 초기에 왜인들을 통제하기 위해 돌로 축조한 성곽 위에서 사방을 둘러보고 성안의 웅천시장도 둘러보았다. 웅천중로를 따라 제덕교를 지나고 농협셀프주유소를 지나 제덕사거리에 도착해서 6코스를 마감했다.

인증사진을 찍고, 남파랑길 7코스를 향해 계속 걸어갔다.

웅천읍성

제덕사거리 → 상리마을 입구

창원해양공원에서 진해 해안로까지, 해변의 여유를 즐기며

거리(km)
11.2

시간(시, 분)
4:00

도보여행일: 2021년 04월 11일

제덕사거리

삼포노래비

명동도선장

행암항

상리마을 입구

장천초등학교

Namparang
Route
07
11.2km

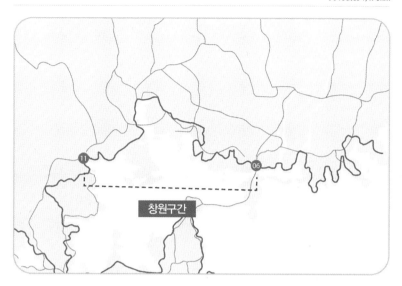

창원구간

	1.5k 0:30		1.6k 0:40	
제덕사거리		삼포노래비		명동도선장

5.6k
2:00

	0.4K 0:10		2.1k 0:40	
상리마을 입구		장천초등학교		행암항

남파랑길 7코스 (제덕사거리~상리마을 입구)
창원해양공원에서 진해 해안로까지, 해변의 여유를 즐기며

행암항

　　제덕사거리에서 천자봉 공원묘원을 바라보며 걷기 시작했다. 도로변에 방목된 소들이 눈에 띄었다. 〈'특종 세상' 20마리 소 떼 방목하게 놔둔 할머니의 사정 눈길〉의 현장이었다. 한 80대 할머니가 16년 전에 2마리의 소를 사서 축사도 없이 방목하여 길렀는데 지금에 와서 24마리가 되었다고 한다. 그 소들이 인근 민가와 골프장에 피해를 주어 2021년 12월에 구청에서 할머니와 협의하여 모두 포획하였다고 한다.

명제로

　　도로를 따라 걷다가 아파트 주변 공터에서 텐트를 치고 삼겹살을 구워 먹는 모습을 보았

삼포 노래비

다. 주방 시설이 잘 갖추어진 집을 옆에 두고 쓰레기가 수북이 쌓여있는 공터에서 캠핑하는지 도무지 이해할 수가 없었다. 조상이 몽골고원 지역 출신이라서?

'삼포로 가는 길'을 따라가다가 '삼포로 가는 길 노래비'에 도착했다. 추억의 옛 노래를 들으며 한라봉으로 갈증을 해소했다.

삼포마을을 지나 유채꽃이 만발한 언덕에서 삼포항을 배경으로 사진을 찍었다. 명동도선장에 도착하니 진해명동마리나 항만 공사가 한창이었고, 진해해양공원의 해양솔라타워와 99타워 건물(소쿠리섬까지

삼포마을

진해해양공원

1,399m 짚트랙 공중 비행)이 랜드마크처럼 우뚝 솟아있었다. 코로나19
로 진해해양공원은 출입이 통제되어 있어서 둘러보지 못하고 주변 식
당에서 코다리찜으로 점심식사를 했다.

명제로를 따라 언덕을 올라 STX조선해양 본사와 진해국가산업단지
를 지났다. 행암로의 벚꽃 가로수길을 걸으며 행암항에 도착했다. 행암
로에는 벚나무가 잘 조성되어 있어서 벚꽃이 만개할 무렵인 3월 말경에
오면 환상적인 벚꽃 터널길을 감상할 수 있었을 것 같았다.

행암항에 도착하니 많은 관광객이 아름다운 해안 경관을 즐기고 있
었다. 해안의 데크 위에서 바라본 진해해군사관학교와 장복산, 진해시
가지, 오페라하우스의 경치는 무척 아름다웠다. 제1부두의 해안 도로변
에서는 많은 오토캠핑족이 텐트를 치고 낚시를 즐기며 여가를 즐기고
있었다. 이곳에서만 볼 수 있는 이색적인 풍경이었다.

진해에는 진해수협에서 안골포굴강까지 해안가를 따라 7개 구간으
로 조성된 약 30km 길이의 도보여행길인 '진해바다 70리길'과 해양솔

행암로

행암항

행암해안도로

라파크, 로망스다리, 진해해양공원, 경화역, 내수면 환경생태공원, 진해루, 진해드림파크, 제황산공원 등의 주요 관광지가 있다.

제1부두를 지나 철길 건널목을 건너서 장천초등학교에 도착했다. 보라색 등나무꽃, 흰색의 사과나무꽃, 완두콩꽃 등을 감상하며 상리마을 버스정류장에 도착하여 이번 코스를 마감했다.

　　마산합포구 동성동의 '오동동아구할매집'에서 아구수육으로 저녁식사를 했다. 아구찜은 많이 먹어보았지만 아구수육은 처음 먹어보았는데, 담백하고 쫄깃한 맛이 매우 인상적이었다.

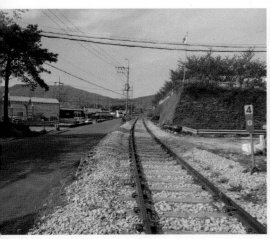
장천부두

상리마을

상리 버스정류장

아구수육

NAMPARANG
ROUTE
08

상리마을 입구 → 진해드림로드 입구

아름다운 장복산 진해드림로드를 걸으며

| 🏃 거리(km)
15.7 | 🕐 시간(시, 분)
6:00 | 📋 도보여행일: 2021년 04월 17일 |

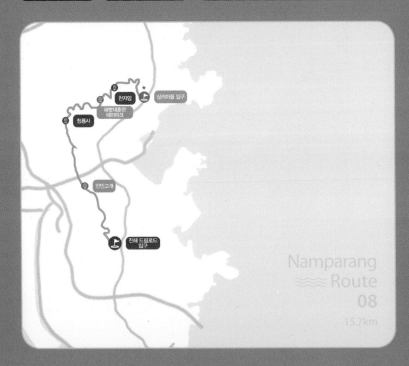

천자암
상리마을 입구
해병대훈련 140야피크
청룡사
안민고개
진해 드림로드 입구

Namparang
≋ Route
08
15.7km

★ 꼭 들러야 할 필수 코스!

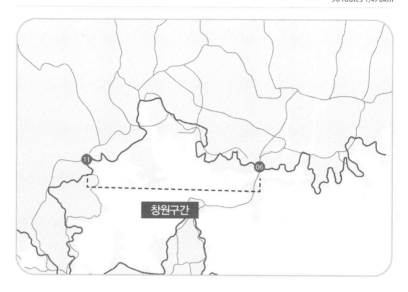

South Sea of Korea
Namparang Trail Route Information
90 routes 1,470km

창원구간

	3.3k 1:10		2.0k 1:00	
상리마을 입구		천자암		해병대훈련 테마파크

2.0k 0:40

	4.6K 1:50		3.8k 1:20	
★ 진해드림로드 입구		안민고개		청룡사

남파랑길 8코스 (상리마을 입구~진해드림로드 입구)
아름다운 장복산 진해드림로드를 걸으며

장복하늘마루길

마산에는 아구찜, 복어요리, 전어회, 미더덕, 가을국화술의 '마산 5미'가 있다. 마산어시장 복요리 골목의 '광포복집'에서 까치복국으로 아침식사를 했는데 싱싱한 복어살과 미나리, 콩나물이 어우러진 국물이 일품이었다.

좌석버스를 타고 장천동 상리마을 버스 주차장에 도착하여 8코스 트레킹을 시작했다. 연두색 새싹이 돋은 탱자나무, 분홍색 왕벚꽃 등을 보면서 산길을 오르자 진해드림로드 천자봉해오름길이 나타났다.

진해드림로드는 장복산공원에서 3.15 운동 기념비까지 장복하늘마루길 4km, 천자봉해오름길 10km, 백일아침고요산길 5.6km, 소사생태길 7.8km 등, 4개 구간으로 조성된 총길이 27.4km의 둘레길이다.

천자봉해오름길을 걸으면서 몽글몽글 피어오르는 연두색 새싹들의

진해드림로드

천자봉해오름길

향연을 만끽하고 벚나무길, 홍가시나무숲길, 노란 죽단화가 흐드러지게
핀 산책로를 걸으며 몸과 마음을 힐링했다.

천자암에 도착해서 극락보전과 산신각에 참배했다. 산신각에는 화
려한 산신할배 탱화와 아름다운 벽화가 그려져 있어서 인상적이었고,

천자암

죽단화

경내를 둘러보니 정원을 꽃으로 잘 가꾸어 놓아서 매우 아름다웠다.

　만남의 광장에서 진해 시내를 내려다보며 죽단화가 흐드러지게 핀 휴식처에서 잠시 쉬었다. 귀신 잡는 해병의 훈련 모습을 간접적으로 체험할 수 있는 해병훈련체험 테마파크에 도착했다. 진성화가 해병의 훈련체험을 해 본다면서 줄을 잡고 등판을 올라 보기도 했다.

해병훈련테마쉼터

천자봉해오름길

천자봉해오름길로 다시 되돌아와 붉은색과 분홍색의 연산홍 숲길로 들어섰다. 마치 무릉도원을 걷고 있는 것처럼 너무 황홀했다. 청룡사 입구를 지나 시루봉 아래 편백숲 쉼터에 도착했다. 편백나무숲 사이로 '진해드림로드 황톳길'이 조성되어 있었다.

황톳길을 지나 진달래, 무궁화, 개복숭아, 벚꽃 등의 가로수길을 걸으면서 '눈도 귀도 마음도 산책 중'이라는 표지판을 보면서 안민고개 입구에 도착했다. 딱! 우리의 마음을 표현해 주는 글귀 같았다.

편백숲 쉼터   진해드림로드 황톳길

진해군항제 때가 되면 안민데크로드 벚꽃 터널, 경화역, 여좌천으로 이어지는 6km가량의 벚꽃길이 환상적인 곳이다.

벚꽃 나무가 울창한 안민데크로드를 걸어 내려오다 산누리길 편백 숲 쉼터를 지나 장복하늘마루길로 접어들었다. 봄햇살에 반짝이는 홍가 시나무의 붉은 물결이 시선을 압도했고 중간중간 펼쳐지는 연두색 단 풍나무 풍경과 멀리 바라다보이는 진해만 경치가 너무나 아름다웠다.

장복산 삼밀사 입구에 도착했는데 시간이 너무 늦어 경내는 다음에 둘러보기로 하고, 장복산공원의 편백나무숲길을 걸으며 진해드림로드 입구에 도착해서 일정을 마감했다. 몸은 피곤했지만, 마음은 행복하고 즐거운 하루였다.

안민데크로드

장복하늘마루길(드림로드)

장복하늘마루길

삼밀사

진해드림로드 시점

NAMPARANG
ROUTE
09

진해드림로드 입구 → 마산항 입구

가고파 꼬부랑 벽화마을에서 임항선 그린웨이까지의 예술적 탐험

거리(km)
18.7

시간(시, 분)
6:30

도보여행일: 2021년
04월 17일~18일

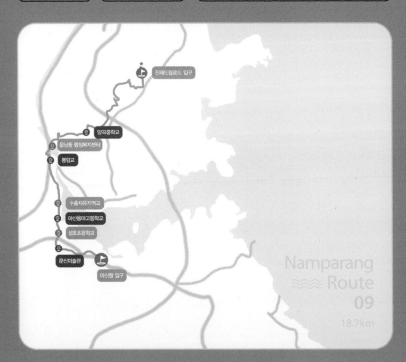

★ 꼭 들러야 할 필수 코스!

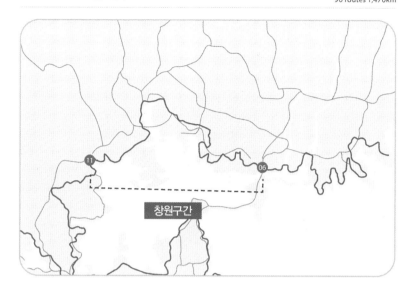

창원구간

	5.8k 1:50		0.8k 0:10	
진해드림로드 입구		양곡중학교		웅남동 행정복지센터

3.5k 1:00

	0.5K 0:10		3.0k 1:00	
마산용마 고등학교		수출자유지역교		봉암교

1.5k 0:40

	1.6K 0:40		2.0k 1:00	★
성호초등학교		문신미술관		마산항 입구

남파랑길 9코스 (진해드림로드 입구~마산항 입구)

가고파 꼬부랑 벽화마을에서 임항선 그린웨이까지의 예술적 탐험

마산항

4월 17일 토요일 오후 5시 20분, 애매한 시간이다. 약 5km가량의 산길을 넘어야 하는데, 도중에 탈출로가 없다. 야간 산행을 각오하고 마진터널을 향해 출발했다. 벚꽃 숲길을 따라 걸으며 마진터널에 도착해 해군 순직비를 구경하고 편백나무숲길을 걸어서 능선 정상에 올라섰다.

마진터널 위 편백나무숲

저녁노을 햇살이 드리워진 편백나무숲에 초록빛 녹차나무 잎들이 반짝거리는 풍광이 환상적이었다.

능선 정상에서 경치를 구경하며 사진을 찍는 사이에 해가 지고 사방이 어둑해졌다. 일행이 먼저 가고 나 혼자 남았다. 양곡 방향으로 내려가다가 양곡 · 신촌 방향 갈림길에서 헤어진 일행과 만나 송골농장 방향으로 하산했다. 양곡교를 지나 양곡천을 따라 걸었다. 논에 머위가 무성하게 자라고 있었다. 양곡 소공원을 지나 저녁 7시 30분에 양곡중학교에 도착해 일정을 마감했다. 오늘도 4만 보를 걸었다. 마산의 '동해장어'에서 장어구이로 저녁식사를 했다.

4월 18일 일요일 아침, 호텔에서 제공하는 토스트, 계란, 우유 등으로 아침식사를 간단히 하고 택시를 이용하여 양곡중학교에 도착한 다음, 양곡천변을 따라 걸었다. 두메산골이 예쁘게 피었다. 웅남동 행정복지센터를 지나 신촌광장 교차로에서 좌회전해 적현로를 걷다가 현대 BNG스틸 정문을 돌아 나와 봉암교에 도착했다.

양곡천변

봉암교

무역로에서 바라본 마산항

수출자유지역교

김주열 열사 흉상

봉암교 위에서 바라본 무학산과 마산시가지 풍경이 파란 하늘과 어우러져 멋진 풍광을 자아냈다. 봉암교를 건너 마산 자유무역지구 해안산책로인 무역로로 접어들었다. 무역로를 걸으며 무학산, 마산항, 마산시가지 풍경을 감상했다. 풍광이 너무 환상적이었다. 마산항에 떠 있는 거대한 크레인이 마치 고층아파트 건물 2동을 통째로 들어 올릴 것 같은 기세였다. 제3부두를 지나고 수출자유지역교를 지나 마산 용마고등학교에 도착하니 김주열 열사 기념비가 있었다. 김주열 열사는 1960년 3월 15일 자유당 정권의 독재와 불의에 맞서 싸우다 산화한 당시 마산 상고 학생이다. 4·19 혁명의 도화선이 되어 한국 민주주의를 태동시킨 주인공이다. 마침 내일이 4·19 혁명 기념일이고, 우리나라 민주주의를 위해 한목숨 바친 순국열사의 역사적

교방천

인 현장에 직접 와보니 마음이 숙연해지고 머리가 숙여졌다.

어제는 진해의 환상적인 숲길 드림로드를 걸었고 오늘은 마산 시내를 걷는다. 육호광장 교차로와 3.15혁명 기념비를 지나고 북성로 사거리를 지나서 마산 임항선 그린웨이로 접어들었다.

'임항선 그린웨이'는 2015년 창원시에서 도시재생사업의 일환으로 2011년 2월에 폐선된 마산역에서 마산항을 연

임항선 그린웨이

정법사 　　　　　　　　　　　　가고파 꼬부랑 벽화마을

결하는 총연장 8.6km의 임항선 철도노선 중에서 구 마산세관에서 석전
동 개나리아파트까지 약 4.6km 구간을 특화공원거리로 조성한 길이다.
장미터널, 포토존, 장미존, 담장정비, 벽화거리, 쉼터조성 등 쾌적한 공
간으로 잘 꾸며 놓았다.

　홍가시나무, 야자수, 벚나무로 조성된 임항선 그린웨이를 걸으며 성
호초등학교를 지나 통도사 마산포교당 정법사를 구경하고, 창원시립마
산박물관에 도착했다. 코로나19로 인해 마산박물관과 문신미술관 내부
를 구경할 수 없어서 '가고파 꼬부랑길 벽화마을'로 향했다.

　마산합포구 오동동에 있는 가고파 꼬부랑길 벽화마을은 마산의 옛
풍경들을 경남미술협회 화가들이 벽화로 재현한 곳이다. 특히, 초입에
있는 수묵화풍의 야자수 벽화, 꼬부랑 할머니, 연탄집, 어룡도, 백년우물
등의 벽화가 인상적이었다.

임항선 그린웨이를 걸으며 포토존에서 철길을 배경으로 기념사진을 찍고, 3.15 의거 기념탑을 감상하며 몽고정을 지나 마산항 입구에 도착했다.

3.15 의거 기념탑

임항선 그린웨이

NAMPARANG
ROUTE
10

마산항 입구 → 구서분교 앞 삼거리

마창대교의 전망을 즐기며 청량산 산책로를 휘돌아

 거리(km)
15.3

 시간(시, 분)
4:30

 도보여행일: 2021년 04월 18일
05월 01일

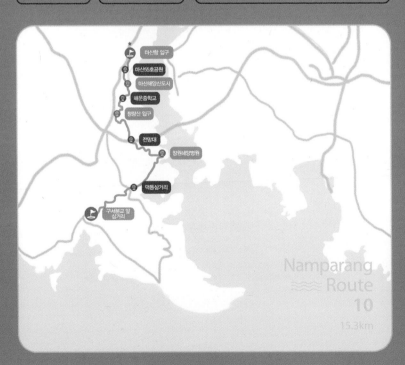

★ 꼭 들러야 할 필수 코스!

South Sea of Korea
Namparang Trail Route Information
90 routes 1,470km

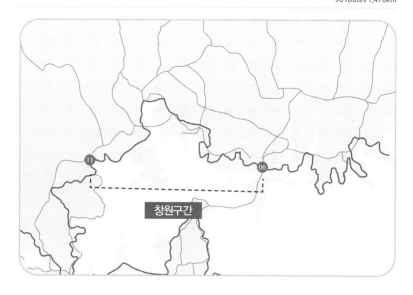

창원구간

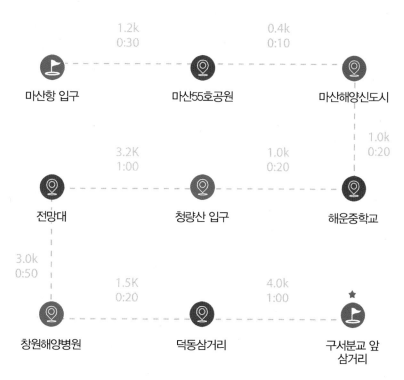

	1.2k 0:30		0.4k 0:10	
마산항 입구		마산55호공원		마산해양신도시

1.0k
0:20

	3.2K 1:00		1.0k 0:20	
전망대		청량산 입구		해운중학교

3.0k
0:50

	1.5K 0:20		4.0k 1:00	
창원해양병원		덕동삼거리		구서분교 앞 삼거리

남파랑길 10코스 (마산항 입구~구서분교 앞 삼거리)
마창대교의 전망을 즐기며 청량산 산책로를 휘돌아

청량산 숲길

해운중학교

4월 18일 일요일, 식당들이 대부분 문을 닫은 가운데 영업하는 식당을 찾아 중앙동에서 점심 식사를 한 다음, 임항선 그린웨이를 따라 가포 방향으로 걸었다. 마산해양신도시개발사업이 한창이었다. 제1부두와 55호공원을 지나 해운중학교 앞 로터리에서 거대한 마린애시앙 아파트단지를 감상하며 마산고운초등학교 앞에서 청량산으로 올라갔다.

마산에는 다섯 가지 먹거리인 마산 5미와 아홉 가지 구경거리인 마산 9경이 있다. 마산 9경에는 무학산, 돝섬, 저도연륙교, 국립 3.15 묘지,

청량산 숲길

마산어시장, 문신미술관, 팔룡산 돌탑, 마산항 야경, 의림사 계곡이 있다.

　　청량산 입구에서 산판도로까지 이어지는 산길에는 다양한 색깔의 진달래가 만발해서 소나무와 어우러진 모습이 장관이었다.

　　산판도로에 도착하니 천마산, 청량산, 모산 둘레를 연결하는 청량산 입구에서 가포까지 약 5km 구간이 차량이 다니지 않는 산책로로 조성되어 있었다. 산책로는 '청량산 입구 ~ 가고파 ~ 보고파 ~ 오고파 ~ 전망대 ~ 걷고파 ~ 가포'라는 재미있는 이름들을 붙여놓았다. 벚나무가 끝없이 펼쳐진 벚나무 가로수길이 환상적이었다. 전망대에서 돝섬 해상유원지와 마산항 전경, 마창대교를 바라보며 아름다운 경치를 감상했다.

전망대

돝섬 해상유원지

마창대교

청량산 숲길

청량산 숲길을 내려와 가포로를 걷는 길은 역방향으로 차도를 걷는 것이 다소 위험했다. 차들이 달려오는 포장도로를 걸으며 '흑염소 이야기'와 같은 예쁜 식당들을 구경하며, 덕동의 창원요양병원에 도착해서 일정을 마감했다.

택시를 이용하여 마산어시장의 '초가아구찜(본관)'에 도착해서 아구수육으로 저녁식사를 했다. 이곳은 건아구를 사용해서 아구찜이나 아구수육 요리를 한다는데, 고기가 쫄깃하고 국물 맛이 일품이었다.

아구는 겨울이 제철이라 겨울철에 먹어야 제맛이라고 하고, 특히 아구애는 겨울철에만 신선하게 먹을 수 있다고 한다. 다시 한번 겨울철에 마산을 방문해서 아구찜과 아구애를 먹어봐야겠다고 다짐했다.

2021년 5월 1일 토요일, 전국적으로 비가 오고 날씨가 흐리다고 한다. 우의와 우산을 챙겨서 KTX를 탔다. 차창 밖으로 펼쳐진 광경을 바라보니 아카시아꽃이 만발했다. 벌써 진달래가 지고 아카시아꽃이 피는구나! 세월이 빠르게 흘러감을 실감했다.

마산어시장의 '광포복집'에서 참복 매운탕으로 아침식사를 하고, 덕동의 창원요양병원에 도착해서 트레킹을 시작했다. 오는 도중에 택시 기사님이 영남식당의 아구찜, 진동의 미더덕, 복불고기, 도다리회 등 마산에서 유명한 음식과 식당에 대해서 알려주셨다.

창원요양병원에서 출발해 백제삼계탕, 덕동마을회관, 창원시 하수도사업소를 지나 덕동삼거리에 도착했다. 길가에 핀 찔레꽃, 분꽃나무, 무꽃, 병꽃나무, 때죽나무꽃들을 감상하며 유산터널을 지나 유산참숯 찜질방에 도착했다.

법지사에서 경내를 관람하고 유산리 해변을 지나 구산초등학교 구서분교 앞 삼거리에 도착했다.

유산벨리골프연습장

법지사

NAMPARANG
ROUTE
11

구서분교 앞 삼거리 → 임아교차로

진동항에서 미더덕의 맛, 해안가의 진미를 맛보고

거리(km)	시간(시.분)	도보여행일: 2021년 05월 01일
15.1	5:50	

★ 꼭 들러야 할 필수 코스!

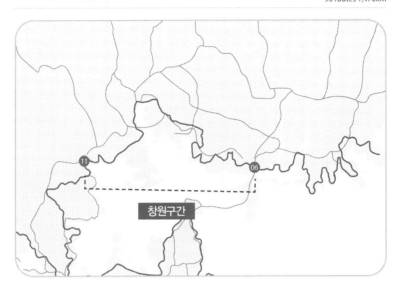

창원구간

3.4k
1:40

2.9k
1:10

구서분교 앞
삼거리

다구항

광암해수욕장

5.3k
1:50

0.6K
0:10

2.9k
1:00

임아교차로

율티새마을
회관

진동항

남파랑길 11코스 (구서분교 앞 삼거리~임아교차로)
진동항에서 미더덕의 맛, 해안가의 진미를 맛보고

광암항

구서분교 앞 삼거리의 11코스 표지판에서 인증샷을 찍고, 장고개를 향해 걸어갔다. 장고개에서 바라보는 도안마을 풍경이 매우 아름다웠다. 밭에는 보리가 탱글탱글하게 익어가고, 감자꽃이 하얗게 예쁘게 피었다.

장고개와 아홉수 고개를 지나 제말 장군묘에 도착하니 잡초가 무성하고 묘도 파헤쳐져 있으며 관리가 엉망이다. 제말 장군은 임진왜란 때 의병장으로 활약한 고성 출신의 장군으로 성주 전투에서 장렬히 전사한 인물이라고 하는데, 후손이 없나?

제말 장군묘에서 바라본 다구항의 경치가 일품이었다.

곳곳에 핀 지칭개, 완두콩, 서향 등 다양한 꽃들을 감상하며 다구리 마을에 도착했다. 수령 250년 된 푸조나무가 마을을 지키고 있었다.

아홉수 고개

제말 장군묘

다구항

주도마을

주변을 둘러보며 갖가지 꽃들을 감상한 다음, 파란 하늘과 뭉게구름, 에메랄드빛 바다가 어우러진 다구항의 풍경을 감상했다. 다구항을 지나 언덕을 올라 소나무 숲길에 들어서니 소나기가 내리기 시작했다. 주도마을을 지나는

담쟁이덩굴 열매

데, 환상적인 담쟁이덩굴 돌담길이 이어졌다. 돌담에는 마치 포도알처럼 생긴 검보라색 담쟁이덩굴 열매가 주렁주렁 달렸는데 처음 보는 것으로 신기했다.

광암해수욕장에 도착했을 때 소나기가 그쳤다. 해수욕장은 작고 한가로웠으며 몇몇 여행객들이 백사장을 거닐며 즐기고 있었다. 광암항 방파제에서는 하늘빛 바닷물결 터널과 십자 모양의 높은 거치대들이 이국적인 풍경을 자아냈다. 바다횟집 골목에는 봄 도다리회와 도다리쑥국, 미더덕을 판다는 현수막들이 즐비했다.

광암해수욕장

인곡천변   진동신기길의 테트라포드

항군교, 진동교차로, 사동교, 지산교, 지황사, 고현교를 지나 인곡천변을 따라 진동신기길로 접어들었다. 갤러리 카페가 보이고 진동 시내가 한눈에 들어왔으며 길가에 화려하게 피어있는 등나무꽃이 인상적이었다. 테트라포드로 조성된 방파제 둑길은 바다 풍경과 어우러져 걷는 이로 하여금 미지의 세계를 탐험하는 듯한 느낌을 주었다. 개구리산을 넘어 미더덕의 본고장인 진동항에 도착했다.

오후 4시 40분, 점심을 굶었으니 배가 몹시 고프다. 진동항의 '미더덕 모꼬지 맛집'을 찾아서 걷고 또 걸었다. 한 끼 해결하기가 이렇게도 힘들 줄이야!

경남 창원 진동면은 우리나라 최대의 미더덕 생산지다. 일 년 중에서 제철인 4월에서 5월에만 미더덕회를 맛볼 수 있다고 한다.

진동항의 '미더덕 모꼬지 맛집'에서 미더덕회, 미더덕 해물전, 미더덕 덮밥, 멍게, 마산의 특화주 '국화면 좋으리'로 늦은 점심식사를 했다.

'미더덕 모꼬지 맛집'의 미더덕 덮밥

처음 먹어보는 미더덕요리로 향과 맛이 특이했다. 특히 미더덕 덮밥은 오독오독 씹히는 식감과 바다의 향이 입안 가득 퍼지는 맛이 예술이었다. '모꼬지'는 '모여서 잔치하다'라는 의미라고 하는데, 오늘 점심식사는 진정한 잔치였다.

식사를 마치고 상쾌한 기분으로 진동항을 지나 장기항에 도착했다. 해안에 정박한 선박들과 남해의 경치가 어우러져 장관을 이루었다.

일원사 앞에서 풍성하게 핀 작약꽃을 감상하고, 선두항에서 마치 영화 '천지창조'의 장면처럼 하늘의 먹구름 사이로 햇살이 비치는 광경을 감상했다. 대형 선박 주조회사인 ㈜한국야나세를 지나고, 율티어민복지회관을 지나 신기마을의 임아교차로에 도착했다. 안내표지판이 없어 당황스러웠다. 안내표지판을 설치해 놓았으면 좋으련만! 예산이 없나?

장기항

선두항

NAMPARANG
ROUTE
12

임아교차로 → 배둔시외버스터미널

고성공룡세계엑스포에서 당항만로까지, 고성의 매력 탐험

 거리(km)
16.3

 시간(시 분)
6:00

 도보여행일: 2021년 05월 02일

★ 꼭 들러야 할 필수 코스!

고성 & 통영구간

	2.5k 0:50		2.9k 1:10	
임아교차로		창포항		소포마을회관

6.1k
2:10

★	3.5K 1:20		1.3k 0:30	
배둔시외버스 터미널		당항포관광지		공룡세계엑스포 관광지

남파랑길 12코스 (임아교차로~배둔시외버스터미널)
고성공룡세계엑스포에서 당항만로까지, 고성의 매력 탐험

시락항

임아교차로에서 직진해 회진로를 따라 걸었다. 길 양옆으로 갯완두와 갈퀴나물꽃이 흐드러지게 피었다. 이창교를 건너서 해변 길을 따라 걸으며 바다 너머로 바라보니 어제 지나온 길이 선명하게 보였다. 아름다운 경치를 감상하며 지난날을 회상해 보았다.

창포항에 도착해 이창수산물판매장에서 싱싱한 미더덕과 도다리 등, 다양한 해산물을 구경했다. 미더덕을 까는 모습을 촬영하려고 하자 한 아주머니가 웃으며 모델이 되어주었다. 얼굴도 예쁜 사람이 마음씨도 고왔다. 감사한 마음으로 기념사진을 찍고 창포항을 둘러보았다.

회진로를 걸으며 아카시아, 엉겅퀴, 수양버들, 이팝나무, 오동나무꽃들을 감상했다. '달뜨는 비오리' 펜션에 도착하니 정원을 정말로 아름답게 잘 가꾸어 놓았다. 조선소나무의 싱그러운 연녹색 솔순과 노란 송화

회진로

창포항

이창수산물판매장의 미더덕 까는 아주머니

동진교

가루가 마치 예술작품 같았다. 보랏빛 오동나무꽃을 감상하며 동진대교에 도착했다.

　동진대교는 고성군 동해면과 창원시 진전면을 연결하는 다리로 동해면의 '동'과 진전면의 '진'을 합쳐 동진교라고 했다.

　소포항에 도착해서 정박해 있는 배들과 바다 풍경을 감상했다. 소포마을회관을 지나 해변 길을 걸으며 놀터캠핑장의 풍경에 빠져들었다.

소포항

소포마을회관

놀터캠핑장

노인산 아래 위치한 놀터캠핑장과 바다에 떠 있는 해상 펜션이 주변 산세와 어우러져 한 폭의 산수화를 연출했다. 시락마을 앞바다에 있는 거대한 양식장을 바라보며 시락항을 지나는데 바닷가 바위 위에서 무당이 굿을 하고 있었다. 구체적인 사연은 알 수 없지만 마음속으로 소원이 성취되길 빌었다.

정곡마을, 어선마을을 지나 한산마리나리조트에 도착하니 바다 위

고성 한산마리나리조트

동촌마을

고성공룡세계엑스포 행사장 ●

'신토불이 옻닭'의 '멍게비빔밥'

에 떠 있는 요트들과 어우러진 바다 풍광이 아름다웠다.

공룡세계엑스포행사장을 구경하고자 했으나 관광객들이 너무 많아서 포기하고, 당항포관광지를 둘러보려고 제3주차장에 도착했는데 코로나19로 인해 문을 닫았다.

오후 1시가 되어 당항포관광지 제3주차장 부근의 '신토불이 옻닭'에서 멍게비빔밥으로 점심식사를 했다. 제철을 맞은 멍게의 향긋한 바다 향과 쫄깃한 식감이 일품이었다.

점심식사를 맛있게 하고 당항포둘레길 해상데크로 들어섰다. 이곳은 임진왜란 당시 이순신 장군이 당항포에서 왜선 57척을 격파한 업적을 기리기 위해서 조성된 해안산책로다. 해상데크를 걸으며 시원한 바닷바람을 맞고 아름다운 당항만의 풍경을 감상했다.

라파엘 펜션을 지나 해상교를 건너고 배둔천 둑길을 따라 걸어서 배둔리 읍내를 지나 배둔시외버스터미널에 도착해 일정을 마감했다.

당항포둘레길   라파엘 펜션의 해상교

마산행 시외버스를 타고 마산 시외버스터미널에 도착한 후, 마산어시장 활어회센터에서 도다리회로 저녁식사를 했다. 제철인 도다리회의 쫀득쫀득한 맛이 일품이었다.

마산어시장의 도다리회

NAMPARANG
ROUTE
13

배둔시외버스터미널 → 황리사거리

면화산둘레길 따라 고성의 해안과 함께하는 자연 여행

 거리(km)
19.6

 시간(시, 분)
6:30

도보여행일: 2021년 05월 22일

Namparang
Route
13
19.6km

★ 꼭 들러야 할 필수 코스!

고성 & 통영구간

배둔시외버스 터미널	→3.3k 1:00	마동교	→3.4k 1:10	정북마을회관
거류체육공원	←1.0K 0:20	거류면사무소	←1.7k 0:30	동림마을회관 ←1.2k 0:30
화당마을회관 2.7k 1:00	→4.0K 1:10	동성조선소	→2.3k 0:50	★ 황리사거리

남파랑길 13코스 (배둔시외버스터미널~황리사거리)
면화산둘레길 따라 고성의 해안과 함께하는 자연 여행

화당마을

부산 구간에서 창원 구간까지는 KTX를 이용했고, 13코스부터는 열차 이용이 어려워 승용차로 새벽에 오송을 출발해 대전에서 아침식사를 한 후, 배둔시외버스터미널에 도착해 트레킹을 시작했다.

3.1 운동 창의탑에서 출발해 들판을 가로질러 걸었다. 망화교에서 구만천을 따라 걸으면서 망화교에서 바라본 배둔리 읍내가 넓은 들판과 어우러져 아름다웠다. 구만천을 따라 당항만로와 마구들1길을 걸어서 당항만 둘레길 해상보도교에 도착했다. 해상보도교 위의 거북선 조형물이 우리의 시선을 사로잡았다. 이곳 고

배둔리 들판길

해상보도교

성군 회화면 당항포는 임진왜란 당시 이순신 장군이 왜선 57척을 격파한 해전지로 장군의 멸사봉공 뜻을 기리기 위해 해상보도교 중앙에 거북선을 설치해 놓았다. 화창한 날씨에 에메랄드빛 바다 물결과 거북선이 어우러져 마치 힘차게 노를 젓는 듯했다.

해안산책로를 걸으며 길가에 핀 갯메꽃과 마삭줄꽃 등을 감상하고, 바다 건너편으로 당항리의 라파엘 펜션 부근의 경치를 감상하며 걸었다. 마동교를 지나 남촌마을로 들어서니 논에서 농부들이 모를 심느라 분주했다. 옛날에는 손으로 모를 심었지만, 지금은 모두 기계로 심는다. 농사도 완전히 기계화되고 있었다. 젊은 사람들은 없고 들판에는 할아

마삭줄꽃　　　　　　돈나물꽃　　　　　　석잠풀꽃

버지와 할머니들뿐이다. 상큼한 인동덩굴꽃, 노란 돈나물꽃, 보랏빛 석
잠풀꽃, 누렇게 익은 보리, 열매가 다닥다닥 달린 측백나무 등을 구경하
며 정북마을에 도착했다.

　　정북마을에는 1670년경에 이 마을과 함께 형성된 들샘이 있었는데
사방 5리에 청정 옥수를 제공했다고 하며, 마을 주민들이 잘 관리하고
있었다. 담벽에 담쟁이덩굴이 풍성하고 머위밭에는 머위들이 쑥쑥 자라

정북마을 들샘

정북마을 머위

동림마을

고 있었다. 봉암마을을 지나고 보안문을 지나 동림마을에 도착했다.

　동림마을에는 옥수수밭이 많이 있으며 옥수수가 무럭무럭 자라고 있었다. 논에서는 농기계로 논을 정비하고 있었다. 동림마을에는 삼효 열문이 있는데, 효열부 진 씨, 효부 박 씨, 열부 김 씨의 비석이 있었다.

동림마을 옥수수밭

동림마을 삼효열문

'고성 쭈꾸미'의 쭈꾸미 볶음

효부는 알겠는데, 효열부와 열부는 무엇을 뜻하는지 궁금했다. 요즘에 왜 마을에 이 같은 비석을 보존하는지 이해가 안 갔다.

거류면 소재지에 도착해서 점심때가 되어 '고성 쭈꾸미'에서 쭈꾸미 볶음으로 점심식사를 했다. 반찬도 정갈하고 음식도 특이하니 맛이 좋았다.

당동삼거리에서 해안가로 접어들어 거류체육공원을 지나 화당마을까지 해안산책로를 걸어갔다. 산책로 주변으로 펼쳐지는 옥빛 바다 풍광이 아름다웠다. 저 멀리 내려다보이는 거대한 조선소 전경과 바다 위에 밭을 갈아놓은 듯한 굴 양식장의 부표들이 한 폭의 그림 같았다.

화당마을회관을 지나서 해안을 바라보며 화당로를 걷다가 산길로 접어들었다. 고개를 넘으니, 성동조선소가 나타났다. 백리향 꽃이 만발

성동조선소

한 성동조선소 둘레길을 걸어서 통영 폐수처리사업소를 지나 황리사거리 버스정류장에 도착했다.

통영 개인택시를 불러서 배둔시외버스터미널에 도착한

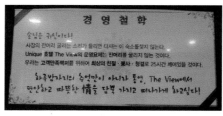

'유니크 호텔 더뷰'의 경영철학

다음, 승용차로 숙소인 광도면 '유니크 호텔 더뷰'에 도착했다. 호텔 현관에 들어서니 호텔의 경영철학이 매우 인상적이었다.

"손님은 귀신이다!

사장의 잔머리 굴리는 소리가 들리면 다시는 이 숙소를 찾지 않는다.

유니크 호텔 더뷰의 운용 요체는 잔머리를 굴리지 않는 것이다.

우리는 고객 만족 백퍼를 위하여 최상의 친절·봉사·청결로 25시간 깨어있을 것이다.

하루 밤자리의 추억만이 아니라 통영, 더뷰에서 편안하고 따뜻한 정을 담뿍 가지고 떠나가게 하고 싶다!"라는 글귀가 왠지 믿음이 갔다.

내죽도수변공원의 '바다향기횟집'에서 코스 B 요리로 저녁식사를 했다. 향긋한 전복죽, 전복, 새우, 각종 조개류, 싱싱한 우럭, 도미, 광어회, 초밥, 생우럭 통튀김, 매운탕 등 음식도 푸짐하고 종류도 다양했다. 회도 싱싱하고 맛도 좋아서 바다 향기를 마음껏 즐겼다. 하루 종일 3만보 이상 걷고 맛 좋은 음식을 배불리 먹었으니, 세상에서 가장 즐겁고 행복한 하루였다.

NAMPARANG
ROUTE
14

황리사거리 → 충무도서관

통영 해안길, 내죽도수변공원에서 바다의 향기를 느끼며

🏃 거리(km) 13.6	🕐 시간(시 분) 5:00	📋 도보여행일: 2021년 05월 23일

- 황리사거리
- 벽방초등학교
- 직악삼거리
- 구집마을회관
- 창포마을회관
- 손덕마을회관
- 여포교
- 내죽도수변공원
- 충무도서관

Namparang
≋ Route
14
13.6km

★ 꼭 들러야 할 필수 코스!

South Sea of Korea
Namparang Trail Route Information
90 routes 1,470km

고성 & 통영구간

1.2k / 0:20

5.0k / 2:00

황리사거리   벽방초등학교   적덕삼거리

1.2k / 0:20

1.0K / 0:20

1.5k / 0:30

손덕마을회관   창포마을회관   구집마을회관

1.0k / 0:20

1.0K / 0:20

1.7k / 0:50

덕포교   내죽도수변공원   ★ 충무도서관

남파랑길 14코스 (황리사거리~충무도서관)
통영 해안길, 내죽도수변공원에서 바다의 향기를 느끼며

내죽도수변공원

유니크 호텔에서 제공된 토스트, 우유, 계란 등으로 아침식사를 하며 주인의 친절함에 감사했다. 택시를 이용하여 황리사거리에 도착한 후 트레킹을 시작했다. 아침 햇살을 받아 반짝이는 빨간 덩굴장미를 감상하며 안정로를 따라 벽방초등학교를 지났다. 한국가스공사를 지나고 안정천 다리 위에서 주변 경치를 감상한 뒤 전의문에서 우측 산길

전의문

로 접어들었다. 파릇파릇한 잎들로 이루어진 숲 터널을 따라 오르는 길은 매우 행복했다. 자그마한 구지뽕 열매, 고깔 모양의 감꽃, 밤나무 수술, 인동초, 산딸기, 마삭, 층층나무 열매, 굴피

합다리골 전경

나무 열매 등등 합다리골을 오르는 산책로는 마치 자연박물관을 연상
케 했다. 합다리골 상부에서 잠시 쉬며 지나온 길을 뒤돌아 보고 불당골
을 지나 적덕삼거리에 도착했다.

 남파랑길 위험 구간 안내표지판을 확인하고 덕포로를 따라 해안가
로 나왔다. 해안산책로를 따라 걸으면서 바지선에서 덤프트럭들이 분주
히 모래를 하역하는 모습을 구경하고 남해의 섬들을 감상하며 구집마
을에 도착했다. 구집마을 입구에서 '주택 수리 공사, 조립식 패널 공사,
옥상 방수공사, 사시리 모델링' 등을 해준다는 광고 문구가 써진 트럭을

덕포로

구집마을

만났다. 대도시에서는 보기 힘든 생소한 광경이었지만 조그마한 어촌동
네에서는 가능하다는 생각이 들었다. 마을에서는 해안 주변의 멸치 건
조장에서 멸치를 말리고 있었다. 창포마을로 넘어가는 고갯길에서 바라
보는 구집마을회관과 해안경치가 매우 아름다웠다.

　창포마을에 도착하자 만선수산에서 햇멸치를 수확하고 있었다. 현
지에서 방금 수확한 햇멸치를 중멸치 5상자, 잔멸치 1상자를 사서 집으

창포마을

로 보내고 창포마을회관에서 잠
시 쉬었다. 창포마을은 항구와
어우러져 매우 아름다웠다. 길가
에는 무꽃, 달맞이꽃, 당아욱, 수
국 등이 만발해 동네 전체가 꽃
밭이었다. 창포마을에서 정원

창포마을 김병겸 씨

을 예쁘게 가꾸어 놓은 김병겸 씨를 만났다. 정원의 나무들을 하트 모
양, 꿩 모양으로 예쁘게 가꾸어 놓았으며 계절마다 모양이 다른 꽃이 피
도록 독특한 정원을 꾸며놓았다. 주인이 직접 집안 곳곳을 돌아다니며
친절하게 설명해 주어서 잘 감상했다(정원이 아름다운 집 : HP 010-
4843-7891 김병겸, 경남 통영시 광도면 덕포로 279).

손덕마을로 가는 길에 밭에서 양파와 마늘을 뽑아 말리는 모습이 너
무 예뻐서 사진을 좀 찍었다. 주인아주머니가 왜 사진을 찍느냐고 불쾌
한 어조로 묻는다. 아마도 나를 도둑으로 의심하는 것인가? 나는 단지
모양이 예뻐서 사진을 찍었을 뿐인데, 인심 한번 더럽다.

구가네 펜션을 구경하며 손덕마을회관에 도착했다. 손덕마을 앞바
다에는 광활한 굴양식장이 펼쳐져 있었다. 덕포교 건너편 카페 드몰른
의 경치가 주변과 어울려 아름다웠다. 카페 드몰른 입구에 있는 정원석
에 새겨진 **'나! 그대를 기다리고 있었네!'**라는 글귀가 발걸음을 멈추게
했다.

내죽도수변공원에 들어서니 굴 껍데기들이 산더미처럼 쌓여 있었

덕포로에서 본 굴 양식장

덕포교

석화굴, 하프셸껍질

다. 이 굴 껍데기들을 하나하나 실로 꿰어 종패를 붙인 후 바닷속에 넣어 앞바다 양식장에서 통영 굴로 자라게 한다고 한다. 아주머니가 굴 껍데기 더미 속에서 굴 껍데기를 꿰고 있는 모습을 보니 세상에 쉬운 일이 하나도 없다는 생각이 들었다.

내죽도수변공원에 도착하니 해안을 따라 호텔과 음식점들이 즐비했다. 많은 관광객이 해안산책로를 거닐며 에메랄드빛 푸른 바다의 풍광을 즐기고 있었다. 점심식사 시간이 되어 수변공원의 '구을비'에서 점심 특선 초밥으로 식사를 했다. 실내 분위기도 깔끔하고 싱싱한 회로 만든 초밥 세트가 일품이었다.

상쾌한 바닷바람을 맞으며 수변공원 산책로를 걸으면서 요트 투어, 죽림수산시장, 통영 해양 레포츠를 지나 장문리의 충무도서관에 도착했다.

내죽도수변공원

내죽도수변공원의 요트장

구을비의 초밥 세트

충무도서관 → 사등면사무소

신거제대교를 건너서 통영과 거제의 아름다운 해안 경관을 즐기며

 거리(km)
17.9

 시간(시,분)
6:10

도보여행일: 2021년 05월 23일
06월 05일

★ 꼭 들러야 할 필수 코스!

고성 & 통영구간

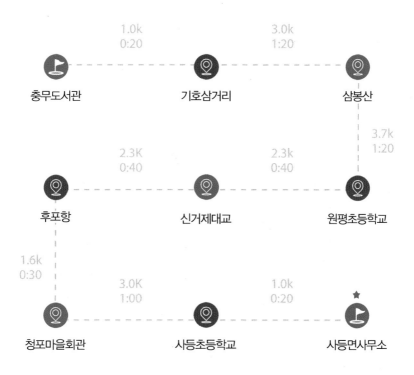

1.0k
0:20

3.0k
1:20

충무도서관　　　　기호삼거리　　　　삼봉산

3.7k
1:20

2.3K
0:40

2.3k
0:40

후포항　　　　신거제대교　　　　원평초등학교

1.6k
0:30

3.0K
1:00

1.0k
0:20

★

청포마을회관　　　　사등초등학교　　　　사등면사무소

NAMPARANG
ROUTE
15

남파랑길 15코스 (충무도서관~사등면사무소)
신거제대교를 건너서 통영과 거제의 아름다운 해안 경관을 즐기며

신거제대교

　　장문리 충무도서관에서 기호마을로 가며 지나온 내죽도수변공원의 풍경을 다시 한번 감상했다. 건물과 해안풍경이 어우러져 너무나 아름다웠다. 기호삼거리에서 잠시 그늘에서 쉬며 신화전기와 성시교회를 바라보고 직진해 통영IC 옆길로 돌아 이봉산으로 올라갔다.

기호바깥길에서 바라본 내죽도수변공원

기호마을

이봉산 초입의 유자밭을 지나 시원한 소나무 숲길로 들어섰다. 가파른 언덕길을 오르며 일봉산과 이봉산 갈림길에 도착했다. 이봉산까지는 400m였으며 길은 더욱 가파르게 이어졌다. 가다가 쉬다가를 반복하며 이봉산 정상에 도착했다. 해발 224.5m임에도 불구하고 왜 이렇게 힘든지 의아했다.

삼봉산까지는 800m 남았다. 소나무 숲이 너무 아름다워 도중에 만난 넓은 체육공원에서 잠시 몸을 풀었다. 이 높은 곳에 체육공원을 설치한 것을 보니 거제도가 얼마나 부자인지 짐작할 수 있었다. 한때는 주민소득이 4만 불이나 되었으며 지나가는 개도 만 원짜리 지폐를 물고 다녔다는 이야기도 있다. 체육시설에서 몸을 풀고 난 뒤 삼봉산에 도착했다.

이봉산 체육공원

삼봉산 정상에서 바라본 통영시

삼봉산 정상에서 내려다본 통영과 거제 앞바다의 경치는 정말로 아름다웠다. 옥빛 바다와 어우러진 해안 경관이 너무 아름다워 통영을 '동양의 나폴리'라고 부르기도 한다.

삼봉산 산판도로

삼봉산 정상에서 산불감시초소와 해안풍경을 배경으로 인증사진을 찍고 신거제대교 방향으로 하산했다. 파릇파릇한 잎새들로 이루어진 숲 터널을 따라 상큼한 피톤치드를 맡으며 음촌마

밤개길에서 바라본 해안풍경

을로 내려왔다. 임도 주변에는 굴피나무를 휘감고 올라가는 마삭줄과 으름덩굴들이 아름다운 하얀 꽃들을 가득 피우고 있었다. 좀처럼 접하기 힘든 희귀한 풍경을 만날 수 있어서 너무 행복하고 즐거웠다.

원평초등학교를 지나 해안가로 밤개길을 따라 걸으며 지도, 시무섬, 고개섬 등 신거제대교 부근의 바다 경치를 감상했다. 해가 저물 무렵 신거제대교에 도착했다. 오늘도 35,000보를 걸었다.

2021년 6월 5일 토요일, 통영시 서호시장의 졸복 요리 전문점인 '부일식당'에서 복국으로 아침식사를 했다. 시원하고 깔끔한 국물 맛과 부드러운 생졸복 맛이 일품이었다. '허영만의 백반 기

통영타워카페

행'으로 유명한 허영만이 2018년 이 식당을 방문하고 남긴 '복국은 부산의 금수복국만 있는 줄 알았는데 통영에 부일 복국이 있었습니다. 다데기와 청각이 너무 맛있었습니다. 다시 오겠습니다.'라는 글귀가 벽에 걸려 있었다.

에이플러스 호텔에 주차한 뒤 택시를 이용해 신거제대교로 갔다. 신거제대교는 거제시 사등면 덕호리와 통영시 용남면 장평리를 연결하는 총길이 940m의 연륙교로 바다를 시원스레 가로지르는 붉은색 다리다. 다리 위를 걸어가면서 남해 바다를 가로질러 하얀 물보라를 일으키며 달려오는 어선을 바라보니 가슴이 탁 트였다. 신거제대교를 건너 좌회전해 오랑 1교를 건넜다. 신계해안길을 따라 걸으면서 신거제대교를 바

오랑 1교

라보니 원평리 풍경과 어울려 그림처럼 아름다웠다.

 순백하고 영롱한 하얀 산딸나무꽃을 보며 해안산책로를 따라 후포항으로 걸어갔다. 노란 달맞이꽃, 붉은 양귀비꽃, 붉은 수국, 하얀 초롱꽃과 접시꽃을 구경하며 후포항을 지났다. 참나무 숲길을 올라 고개를 넘어, 청포마을의 수국과 송엽국으로 정원을 아름답게 꾸며놓은 집에 도착했다. 이 동네 토박이인 주인이 더운 날씨에 고생한다면서 손수 커

후포항

청포마을

코끼리마늘꽃

피를 한 잔씩 타 주시며 청포마을에 관해서 설명해 주셨다. 세상에는 고마운 사람들이 너무 많았다. 난생처음으로 코끼리마늘꽃을 구경했다. 마늘종의 대가 길고 꽃이 특이했다.

청곡교회를 올라가는 청곡마을 일대에는 유자나무 과수원이 많았다. 유자나무에는 유자들이 다닥다닥 열려 있었다. 유자나무 과수원길을 걸어 사등 축구장으로 내려와 사등초등학교를 지나며 잘 정비된 성포 해안 데크길을 걸었다. 초록빛 담쟁이덩굴로 뒤덮인 커피숍과 바다 경관을 감상했다. 해안가 주변의 음식점과 카페에는 많은 관광객들로 북적거렸다.

사등 축구장

성포 해안데크길

거제에는 거제 9품, 거제 9미, 거제 9경이 있다. 이는 각각 거제에서 생산되는 9가지 특산품, 거제에서 유명한 9가지 먹거리, 거제의 9가지 아름다운 경치를 의미한다. 거제 9품은 대구, 멸치, 유자, 굴, 돌미역, 맹종 죽순, 표고버섯, 고로쇠수액, 왕우럭조개이고, 거제 9미는 대구탕, 굴구이, 멍게&성게 비빔밥, 도다리쑥국, 물메기탕, 멸치 쌈밥&회무침, 생선회&물회, 바람의 핫도그, 볼락 구이다. 거제 9경은 거제 해금강, 바람의 언덕과 신선대, 외도보타니아, 학동 흑진주 몽돌해변, 거제도 포로수용소유적공원, 동백섬 지심도, 여차/홍포 해안비경, 공곶이/내도, 거가대교다. 구경하고, 먹고, 즐길 것이 너무나 많은 곳이 거제도다.

사등면사무소 → 고현버스터미널

거제 사등성에서 사곡해수욕장까지, 거제의 숨겨진 매력

 거리(km)
13.9

 시간(시, 분)
4:50

도보여행일: 2021년 06월 05일

Namparang
≈≈≈ Route
16
13.9km

★ 꼭 들러야 할 필수 코스!

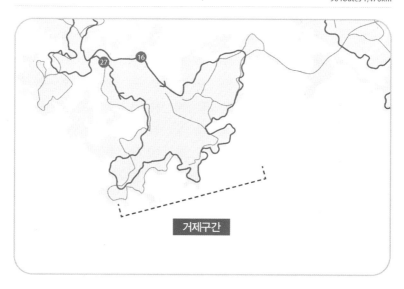

거제구간

	0.6k 0:20		1.2k 0:30	
사등면사무소		성포항		성포중학교

3.5k
1:00

	4.0K 1:10		2.2k 0:50	
거제교회		사곡해수욕장		성내마을

0.6k
0:20

	0.8K 0:20		1.0k 0:20	
장평동 주민센터		신현중학교		고현버스터미널

남파랑길 16코스 (사등면사무소~고현버스터미널)

거제 사등성에서 사곡해수욕장까지, 거제의 숨겨진 매력

성포항

성포항에 들어서니 등대 방파제에 그려진 대형 소라 그림이 가조도
를 연결하는 가조연륙교와 어우러져 그림처럼 아름다웠다. 가조도는 거
제도에 속한 섬으로 거제도를 돕고 보좌한다는 의미에서 가조도라고

성포 위판장

코끼리조개

불리게 되었다고 한다. 성포항에는 횟집들이 많았다. '이곳에서 점심식사를 해야겠다!' 생각하며 횟집 거리를 지나 성포 위판장에 도착했다. 미더덕, 코끼리조개 등 다양한 어패류와 싱싱한 활어들의 경매에 분주했다. 말로만 듣던 코끼리조개를 구경하기 위해 복잡한 위판장 안을 열심히 돌아다녔다.

성포항을 둘러보고 성포중학교를 지나 14번 거제대로를 비상 터널로 가로질러 망치산 방향으로 이어지는 산길로 접어들었다. 시원한 숲길을 따라 깊은 산속으로 들어가 유자농원을 지나 거제 사등성지가 있는 성내마을로 내려왔다. 이 구간은 산행길로서 숲도 깊고 음산해 초보자가 혼자 걷기에는 다소 위험해 보였다.

망치산 숲길

성내마을

양달석 미술관

　거제 사등성은 조선시대에 조성된 읍성으로 경상남도 기념물 제9호로 지정되어 있다. 성내마을은 저 멀리 거제 계룡산자락이 병풍처럼 둘러싼 아늑하고 아름다운 마을이었다. 논에는 줄지어 심어진 벼들이 아름다운 풍경을 자아냈다. 성내마을 출신인 양달석 화가의 미술관과 그림길을 지나며 해변 경치를 감상하고 사곡해수욕장에 도착했다.

　사곡해수욕장은 비록 크기는 작고 물도 많지 않았지만, 캠핑카와 해

사곡해수욕장

비파나무 열매   천년초꽃(선인장)

수욕을 즐기는 사람들로 붐비고 있었다. 도저히 이해할 수 없는 풍경에 한참을 구경한 후 모래실길을 따라 걸었다. 이 길을 걷는 동안 비파나무 열매, 천년초(선인장), 갖가지 색깔의 수국, 방풍나물꽃, 비올라꽃, 제라늄, 자주괭이밥 등 다양한 꽃들을 구경했다.

새거제주유소에서 잠시 길을 잃고 헤맨 후 거제교회를 지나 장평동 주민센터에 도착했다. 모래실길을 지나 14번 거제대로를 걷는 구간인 장평동 주민센터까지는 거제대로를 역주행하는 구간으로 맞은편에서 씽씽 달려오는 자동차를 피해 걷는 것이 마치 목숨을 담보하는 것처럼 위험했다. 이 구간은 차량 운전자와 보행자 모두에게 사고 위험이 커서 조속히 이번 트레킹 코스가 개선되기를 희망했다. 장평동 아파트 벽을 따라 조성된 메타세쿼이아길, 은행나무길을 걸으며 장평육교를 건너 신현중학교를 지나 고현버스터미널에 도착했다.

장평동 메타세쿼이아길

장평육교

택시를 이용해 거제포로수용소유적공원 부근의 '이든 횟집'에서 저녁식사를 했다. 규모는 작았지만, 도미, 우럭, 감성돔의 모듬회로 회 맛이 싱싱해서 좋았으며 특히 탱글탱글한 초밥이 일품이었다.

이든 횟집 모듬회

고현버스터미널 → 장목파출소

석름봉과 거제맹종죽, 자연의 아름다움 속으로

거리(km)
21.3

시간(시, 분)
7:00

도보여행일: 2021년 06월 06일

★ 꼭 들러야 할 필수 코스!

거제구간

	1.5k 0:30		3.8k 1:20	
고현버스 터미널		신오교		석름봉

5.7k
2:00

	1.1K 0:20		2.3k 0:50	
사환마을				대성사

3.0k
0:50

	0.5K 0:10		3.4k 1:00	
옥천사		실전마을회관		★ 장목파출소

남파랑길 17코스 (고현버스터미널~장목파출소)
석름봉과 거제맹종죽, 자연의 아름다움 속으로

동리소류지 맹종죽

고현버스터미널 앞 17코스 안내판 앞에서 인증샷을 찍고 신현3교를 지나 해안을 따라 걸었다. 신오교를 건너 석름봉 초입에서 산길로 접어들었다. 석름봉으로 오르는 약 3km의 등산로는 피톤치드 숲내음이 싱그럽고 향긋한 소나무숲과 참나무 숲길로 이뤄진 숲길이었다. 보랏빛 싸리나무꽃과 하늘을 향해 쭉쭉 뻗은 소나무를 휘감고 오르는 담쟁이

덩굴은 마치 정글 속을 걷는 듯한 느낌을 주었다.

약 1.5km를 올라 팔각정 쉼터에 도착했다. 고현항에 조성 중인 거제 해양신도시 공사 현장과 삼성중공업 조선소 전경의 규

팔각정 쉼터

팔각정 쉼터에서 바라본 거제 해양신도시

모가 대단해서 인상적이었다. 올해 국내 3대 조선소들의 해외 선박 수
주액이 16조 원을 넘어서 13년 전의 호황기가 다시 온다는데, 거제도의
조선업 호황 소식이 어서 들려오기를 기대했다.

석름봉을 오르다 만난 체육시설에서 철봉에 매달려 턱걸이를 시도
했지만 아쉽게도 단 한 개도 할 수 없었다. 한때는 철봉에서 놀았던 시
절을 회상하며 세월의 무상함을 느꼈다. 석름봉 정상에서 하산하여 연
사동네 체육시설을 지나 임도를 따라 걸었다. 대성사 갈림길까지 약
5km의 산판도로에는 보랏빛 가시엉겅퀴꽃, 싸리나무꽃, 까만 벚나무
열매, 먹음직스러운 산딸기, 뱀딸기 등 다양한 꽃들이 펼쳐져 있었다.

석름봉 체육시설

대성사

대성사에 도착하니 고즈넉한 절 주변에 이름 모를 노거수와 맹종죽이
군락을 이루고 있었다. 동네 아주머니들이 도로 주변에서 산딸기를 따

당아욱

유계리 맹종죽

느라 분주했다. 동리소류지 주변과 하청면 유계리, 하청리, 실전리 일대
는 맹종죽이 무성한 대나무숲을 이루고 있었다.

점심시간이 지나서 식사하려고 했으나 식당을 찾기 어려웠다. 하청
야구장 주변의 한 식당에 도착했는데 손님이 많아서 식사할 수 없다고
한다. 1km 정도 더 가면 식당이 있다고 하여 희망을 품고 걸어가는데
길이 왜 이리도 먼지 좀처럼 줄어들지가 않았다. 결국 지친 몸을 이끌고
사환마을의 '하청숯불갈비'에 도착해서 왕갈비탕으로 점심식사를 해결

하청야구장

사환마을

하니 몸이 살 것만 같았다. 밥의 소중함을 절실히 느꼈다.

'거제맹종죽 테마공원'을 구경하러 가다가 거리가 너무 멀어 중간
에 포기하고 돌아섰다. 생전 처음 본 고양이 카페인 '파양모 카페'도 만
나고 하얀 별모양의 치자나무꽃도 발견했다. 사환마을 고갯길에서 쉬며

맹종죽순체험길

거제맹종죽 테마공원

실전마을

매동마을

주변의 맹종죽 대나무숲을 감상하고 옥천사를 지나 실전마을회관에 도
착했다. 실전마을 슈퍼에서 아이스크림을 사 먹었는데 너무나 시원했
고, 마을 풍경도 무척 아름다웠다.

삼우정사와 매동마을회관을 지나 장목파출소에 도착했다. 실전마을
에서 장목리까지 편도 1차로인 5번 거제북로를 역방향으로 걷는 동안
맞은편에서 달려오는 차들을 피하며 뒤에서 들리는 경보음 소리에 귀
를 기울이다 보니 온몸에 식은땀이 흐르고 정신이 혼미해졌다. 이 구간
은 자동차 접촉 사고 위험이 매우 커서 하루빨리 개선되었으면 좋겠다.

장목파출소에서 일정을 마감하고 택시를 이용하여 에이플러스 호텔
로 이동한 다음 승용차로 거제포로수용소유적공원 부근의 '백만석' 식
당에서 멍게와 성게비빔밥으로 저녁식사를 했다.

장목파출소 → 김영삼 대통령 생가

매미성과 김영삼 대통령 생가, 역사의 증인들과 함께

거리(km)
18.7

시간(시, 분)
6:30

도보여행일: 2021년 06월 19일

장목초등학교
관포삼거리
장목파출소
두모마을회관
두모몽돌해수욕장
매미성
대금산 진달래군락지
외포중학교
김영삼 대통령 생가

Namparang
Route
18
18.7km

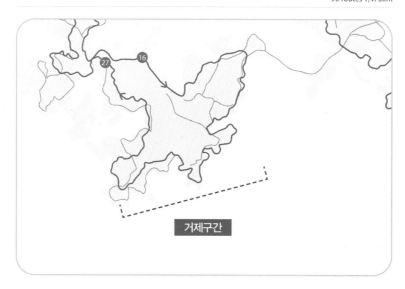

거제구간

	0.9k 0:20		3.0k 1:00	
장목파출소		장목초등학교		관포삼거리

2.7k 0:50

	2.2K 1:00		0.9k 0:20	
매미성		두모몽돌해수욕장		두모마을회관

3.5k 1:20

	3.5K 1:00		2.0k 0:40	
대금산 진달래군락지		외포중학교		★ 김영삼 대통령 생가

남파랑길 18코스 (장목파출소~김영삼 대통령 생가)
매미성과 김영삼 대통령 생가, 역사의 증인들과 함께

두모몽돌해수욕장

　　서민갑부 프로그램에 거제 장목항 다이버수산의 해물4단찜이 방영되었다. 일부러 먹으려고도 갈 판인데 마침 이곳을 통과하게 되었으니 꼭 먹어봐야지!

다이버수산의 해물탕

　　새벽 5시 30분에 대전에서 출발하여 9시에 다이버수산에 도착했다. 아침식사로 해물탕을 먹은 후 저녁에는 해물4단찜을 예약했다. 문어, 새우, 대합, 홍합으로 만든 해물탕은 시원하고 맛있었다.

　　장목파출소에서 18구간 인

장목항

증샷을 찍은 뒤 장목항을 둘러보고 장목초등학교 뒤편으로 오르며 장목만에 정박해 있는 이사부호와 주변 경치를 감상했다.

숲길로 접어들어 김해 김씨 묘지인 장현사묘원을 지나고 굴다리를 거쳐 관포삼거리에 도착했다. 관포마을의 텃밭에서는 붉은 강낭콩이 익어가고 있었고 홍가시나무의 붉은 잎이 햇살에 반짝였다. 관포리 신봉산 둘레길을 따라 걸으며 멀리 이수도를 바라보는 숲길을 걸어 두모마을에 도착했다. 큰 느티나무 아래에서 할아버지가 마치 포대 화상처럼 배를 내밀고 더위를 식히고 계셨다.

두모몽돌해변에서 둥글둥글한 자갈들이 파도에 자르륵, 자르륵 굴

두모몽돌해변

러가는 소리도 듣고, 푸른 바다에서 노니는 갈매기 무리도 감상하며 잠시 쉬었다. 해수면을 따라 거가대교가 아련하게 보였다. 매미성 입구의 매미면가에서 비빔밀면으로 점심식사를 하고 매미성을 구경했다.

　매미성은 2003년 태풍 매미로 인한 피해를 당한 이후 백순삼 씨가 작물을 자연재해로부터 보호하기 위해서 천년바위 위에 네모반듯한 돌과 시멘트로 설계도 한 장 없이 혼자 쌓아 올린 성벽으로 중세 유럽의 성을 연상케 했다. 거제도의 관광명소로 많은 관광객들로 북적거렸다.

매미성 　　　　　　　　　　　　　매미성에서 바라본 이수도

복항마을

시방마을

대금산

대금산 진달래군락지

매미 성벽에 올라 남해바다와 이수도를 배경으로 기념사진을 찍고 매미성 일대를 둘러본 다음, 복항마을에서 울금농장을 구경했다.

시방마을 방시만노석을 구경하고 데크전망대의 모자상에서 복항마을과 시방마을의 경치를 감상한 다음 봇골소류지를 지나 대금산으로 올라갔다. 대금산 초입에는 잡풀이 우거져 숲을 헤치며 올라가느라 힘들었다. 대금산 정상 부근의 진달래군락지에서 바라본 경치가 푸른 하늘의 깃털 구름과 어우러져 너무 아름다웠다. 싱싱한 숲향을 맡으면서

외포항

대계마을

김영삼 대통령 생가

김영삼 대통령 기록전시관

대금산 숲길을 내려와 비단골샘에서 산판도로를 따라 걸었다.

상포마을, 외포중학교, 외포교를 지나 '대구축제의 고장 외포항에 오신 걸 축하한다'라는 아치가 있는 외포항에 도착했다. 아름다운 외포 마을을 걸으며 접시꽃과 수국을 감상했다. '대통령의 고장 대계'라는 아치가 있는 소계마을의 아침고요마을펜션을 지나 제14대 김영삼 대통령 생가가 있는 대계마을에 도착했다. 김영삼 대통령 기록전시관 관람 시간이 오후 5시까지로 되어있어서 너무 늦게 도착해 관람하지 못했다. 택시를 이용하여 장목항의 다이버수산에 도착했다.

그토록 기대했던 해물4단찜으로 저녁식사를 했다. 첫째 단은 돌문어, 전복, 새우. 둘째 단은 가리비와 대합 등 조개류, 셋째 단은 닭백숙, 넷째 단은 소라와 홍합이다.

몸도 피곤하고 배도 고파서 열심히 맛있게 먹었다. 가격이 자그마치 13만 원이다.

아침에 먹은 해물탕은 푸짐했는데… 해물4단찜은 가격 대비? 닭백숙 대신 해물을 넣었더라면 하는 약간 아쉬운 생각이 들었다.

다이버수산의 해물4단찜

NAMPARANG
ROUTE
19

김영삼 대통령 생가 → 장승포 시외버스터미널

이순신 장군을 만나는 길, 영웅의 업적을 되새기며

 거리(km) 18.3

 시간(시, 분) 6:40

 도보여행일: 2021년 06월 20일

Namparang
≋≋ Route
19
18.3km

★ 꼭 들러야 할 필수 코스!

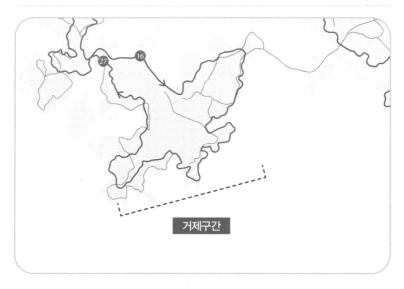

거제구간

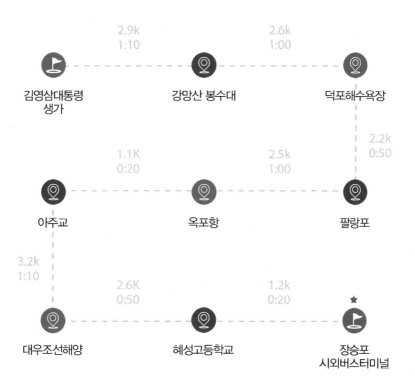

김영삼대통령 생가	2.9k 1:10	강망산 봉수대	2.6k 1:00	덕포해수욕장
				2.2k 0:50
아주교	1.1K 0:20	옥포항	2.5k 1:00	팔랑포
3.2k 1:10				
대우조선해양	2.6K 0:50	혜성고등학교	1.2k 0:20	★ 장승포 시외버스터미널

남파랑길 19코스 (김영삼 대통령 생가~장승포 시외버스터미널)
이순신 장군을 만나는 길, 영웅의 업적을 되새기며

옥포항

옥포 중앙시장에서 돼지고기 두루치기로 아침식사를 하고 김영삼 대통령의 생가를 방문하여 대통령의 생가와 기록전시관을 둘러보았다. 1954년 거제에서 전국 최연소 국회의원으로 당선된 이후 40여 년간 우리나라 민주주의 발전을 위해 헌신한 김영삼 대통령의 업적과 발자취를 전시해 놓았다. '정직하게 큰길을 간다'라는 뜻의 '대도무문' 현판을 바라보며 동시대를 살았던 사람으로서 만감이 교차했다.

이곳에서 19구간 안내판을 찾을 수 없어 옥포해전 설명판만 읽고 대계마을회관 옆길을 따라 대계포구로 내려갔다. 거제몽돌해변에서 몽돌이 예뻐서 몇 개 줍다가 지역 주민에게 혼쭐이 났다. 지금은 관광지에서 돌 하나조차 반출이 안 된다.

거제몽돌해변

대계마을

　'충무공 이순신 만나러 가는 길'은 옥포만 주변의 역사적 현장, 즉 임진왜란 당시 조선 수군의 첫 승전지인 옥포해전이 펼쳐졌던 곳에 조성된 둘레길이다. 김영삼 대통령 생가에서 시작하여 옥포항까지 이어지는 약 8.3km의 해안산책로를 3개 구간으로 나누어 조성해 놓았다. 대계마을을 바라보며 제3구간인 옥포대첩로를 따라 걷다가 대계2교 밑을 지나 강망산 봉수대 방향으로 올라갔다. 독립가옥에서 개 한 마리가 우리 주변을 맴돌다가 강망산 봉수대까지 따라오면서 친절하게 길 안내

이순신 만나러 가는 길

강망산 봉수대

덕포해수욕장

동산 해안길

를 해 주었다.

강망산 봉수대에 올라 사방을 둘러보고 기념사진도 찍었다. 봉수대는 불을 피워 서로 소식을 전달하는 전통 통신시설로 강망산 봉수대도 조선 전기에 만들어진 것으로 추정된다고 한다. 강망산 봉수대에서 우리를 인도해 준 개와 작별하고 산길을 내려와 덕포해수욕장에 도착했다.

덕포해수욕장에 도착하여 해변의 하트 조형물에서 기념사진을 찍은 후 제2구간인 덕포해수욕장과 팔랑포마을까지 이어지는 약 3.45km의 해안산책로를 따라 걸었다. 이 구간은 통나무 데크로 이루어진 소나무와 편백나무 숲길로 매우 아름다웠고, 맑은 날씨와 상쾌한 공기로 숲길을 걷는 동안 마음이 완전히 힐링되었다.

1592년 5월 7일(음) 임진왜란 때 조선 수군의 완벽한 첫 승리인 옥포해전 설명판과 옥포대전의 장군들에 관한 해설을 3개 구간에 걸쳐 설치해 놓았다. 전라좌수사 이순신, 남해현령 기효근, 영등포만호 우치적, 소비포권관 이영남, 사도첨사 김완, 옥포만호 이운룡, 지세포만호 한백록, 녹도만호 정운 등등 장군들의 업적을 읽어보면서 이 나라를 지키기 위해 목숨을 바친 장군들을 생각해 보았다. 운동시설이 있는 갈림길에 도착하여 옥포대첩기념관은 반대 방향이라 다음에 가기로 하고 팔랑포 방향으로 내려와 팔랑포구에 도착했다. 천지암을 지나 팔랑포마을 데크 정자에서 잠시 휴식을 취했다. 정자에서 바라보는 경치가 매우 아름다웠다.

팔랑포마을

팔랑포마을에서 옥포항까지 약 1.95km의 제1구간에 들어서니 긴 해상데크산책로가 조성되어 있었다. 대우조선해양과 옥포만의 바위섬

해상데크에서 바라본 대우조선해양

옥포항 해상데크길

을 바라보며 해상데크산책로를 걸어 옥포항에 도착했다. 옥포항의 팔팔횟집에서 멍게비빔밥으로 점심식사를 하고 옥포항 광장에서 파도 형상의 조각품을 배경으로 기념사진도 찍었다.

옥포항

대우조선해양 복합업무단지에서부터 5km 이상을 메타세쿼이아 울타리 길을 따라 걸었다. 거북선이 있는 새마을동산, 대우 오션플라자, 열정교, 아주천 너머의 거대한 선박, 대우조선해양 서문, 아주교, 남문, 대우조선해양 본사, 동문, 아양 지하차도, 거제대로를 따라 언덕을 넘어 장승포 아치형 조형물에 도착했다. 혜성고등학교를 지나 두모고개를 넘어 장승포 시외버스터미널에서 일정을 마감했다.

대우조선해양

장승포 초입

장승포 시외버스터미널 → 거제어촌민속전시관

한려해상의 아름다운 해안 경관에 취해 장승포항에서 지세포항까지

 거리(km)
23.1

 시간(시, 분)
9:30

 도보여행일: 2021년
09월 04일~05일

거제구간

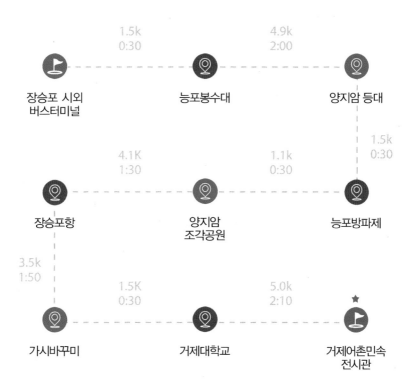

	1.5k 0:30		4.9k 2:00	
장승포 시외 버스터미널		능포봉수대		양지암 등대

1.5k 0:30

	4.1K 1:30		1.1k 0:30	
장승포항		양지암 조각공원		능포방파제

3.5k 1:50

	1.5K 0:30		5.0k 2:10	
가시바꾸미		거제대학교		★ 거제어촌민속 전시관

남파랑길 20코스 (장승포 시외버스터미널~거제어촌민속전시관)

한려해상의 아름다운 해안 경관에 취해 장승포항에서 지세포항까지

장승포항

 7월 4일부터 시작된 긴 여름 장마와 코로나19 대란으로 인해 트레킹을 하지 못하다가 11주 만에 드디어 남파랑길 트레킹을 재개했다. 장승포항에 있는 '항만식당 해물뚝배기'에서 해물뚝배기로 아침식사를 했다. 싱싱한 오징어, 소라, 꽃게, 홍합이 가득한 그 맛이 시원하면서도 얼큰해서 아주 좋았다.

능포 봉수대

 장승포 시외버스터미널을 출발해 양지암등대길(대우아파트 입구에서 느태마을 전망대까지 조성된 15.5km의 거제섬길)로 들어섰다. 곧이어 능포 봉수대로 올라 숲속 산책로를 따라 걷는

능포 수변공원   능포항 갈매기상

내내 가을이 성큼 다가왔음을 느낄 수 있었다. 숲의 향기를 맡으며 한참을 올라 능포 봉수대에서 사방을 조망한 후 능포 수변공원으로 내려왔다. 능포라는 지명은 '물속이나 물가에 자라는 풀[菱] + 물이 있는 곳의 가장자리 [浦]'의 합성어로 '바닷가에 늪이 있는 마을'이란 의미라고 한다. 능포항 등대를 배경으로 한 포토존과 능포 수변공원 한가운데 설치된 갈매기가 새우깡을 집어 먹는 형상의 동상이 매우 재미있고 인상적이었다.

능포항을 지나 양지암 방향으로 숲속을 걸어 올라갔다. 하늘로 쭉쭉 뻗은 해송숲길을 걷는 기분이 상쾌하고 좋았다. 양지암은 거제도 최동단 장승반도 끝에 있는 암벽으로 거제도에서 해를 가장 먼저 볼 수 있는 곳이라고 한다. 양지암 옆에 있는 상사바위에는 '이루지 못할 사랑을 연모하다 죽어 실뱀이 된 삼돌이와 국화녀의 전설'을 담고 있었다.

양지암 등대

가파른 철제 계단을 올라 양지암 등대에 도착했다. 이곳은 군사보호지역으로 날씨가 좋을 때만 출입이 가능했는데, 다행히도 오늘 날씨가 좋아서 양지암의 멋진 풍광을 즐길 수 있었다.

능포산림욕장을 지나 양지암 조각공원에 도착했다. 하늘, 바람, 바다가 어우러진 이곳에서 다양한 조각 작품들을 감상하며 시간을 보냈다. 달팽이 모양의 화장실과 '드러난 엘도라도'는 특히 인상적이었다. '드러난 엘도라도'는 희망을 안고 황금의 도시 엘도라도를 찾아 거친 바다를 누빈 고래가 남해안의 거제에서 그 여정을 마치며

양지암 조각공원의 '드러난 엘도라도'

양지암 장미공원

장승포항 조형물 　　　　　　　　　　　　장승포항 포토존

환희에 찬 모습을 꼬리 짓으로 표현한 박영선 작가의 작품이다. 양지암
장미공원을 지나 장승포 해안도로를 걸으며 해안 풍경을 감상하고 망
산 해안가를 돌아 장승포항으로 내려왔다.

　　장승포항은 거제의 동단에 있는 항구로 해상 교통과 무역의 중심
지이며 외도 보타니아와 거제 해금강 유람선이 여기서 출발한다. 장승
포 수변공원을 거닐며 멸치잡이 어선에서 일하는 어부들의 모습을 구
경하고 장승포항 조형물과 해안 경치를 감상했다. 포토존에서 기념사
진도 찍었다. 지심도 터미널을 지나며 수변공원에서 바라본 'HOTEL
HOME 4 EST'의 풍경이 눈길을 사로잡았다.

　　장승포항을 지나 기미산 가시바꾸미로 올라가는 동안 숲과 바다의
향기를 동시에 맡으며 산행하는 기분이 아주 좋았다. 저녁 6시경 가시
바꾸미를 지나는데 주변이 어둑어둑해져서 거제대학교에서 오늘의 여
정을 마감했다. 택시를 이용해 지세포항의 '강성횟집'에 도착한 후, 싱

거제대학교

싱한 해산물이 가득한 강성 스페셜로 저녁식사를 했다. 성게알의 고소한 맛과 돌멍게의 짙은 바다 향이 너무 좋았다.

9월 5일, 장승포항의 '혜원식당'에서 해물찜으로 아침식사를 하고 택시로 거제대학교에 도착해서 20코스 트레킹을 이어갔다. 거제대학교는 국내 유일의 조선해양 특성화대학이다. 주변에 있는 대규모의 대우해양조선 사옥을 보니 15년 전 조선산업이 번창했을 때의 거제도 모습을 상상할 수 있었다. 탐스러운 의아리꽃, 단풍마꽃, 개오동꽃, 동백

단풍마꽃

구찌뽕열매

열매, 구찌뽕열매, 호랑가시나무열매 등, 갖가지 가을꽃과 열매들을 감상하며 옥림하촌마을로 내려갔다.

옥화마을 무지개 해안도로를 지나 잘 조성된 해안데크 산책로를 걸으며 시원한 바닷바람을 맞으면서 해안 경치를 즐겼다. '여행가의 새벽' 조형물에서 인증샷을 찍고 소노캄 거제에 도착했다. 아름다운 유람선 선착장과 분홍색의 화려한 뉴기니아 봉선화꽃들이 만개하여 경치가 너무 아름다웠다.

옥화마을 해변길

소노캄 거제 해안데크 산책로

여행가의 새벽

지세포 수변공원과 거제씨월드, 거제조선해양문화관을 지나 거제어촌민속전시관에 도착해서 코스를 마감했다.

지세포 수변공원

거제어촌민속전시관 → 구조라 유람선터미널

공곶이 몽돌해변에서 내도의 아름다운 풍경을 감상하며

 거리(km)
18.5

 시간(시, 분)
6:10

도보여행일: 2021년 09월 05일

Namparang
Route
21
18.5km

★ 꼭 들러야 할 필수 코스!

거제구간

	0.6k 0:10		1.8k 0:30	
거제어촌민속 전시관		지세포항		라벤더정원

3.4k
1:10

	3.6K 1:20		4.0k 1:20	
공곶이		세이말등대		초소

1.7k
0:30

	1.9K 0:30		1.5k 0:40 ★	
예구항		와현모래숲 해수욕장		구조라 유람선 터미널

남파랑길 21코스 (거제어촌민속전시관~구조라 유람선터미널)

공곶이 몽돌해변에서 내도의 아름다운 풍경을 감상하며

와현모래숲해수욕장

지세포 유람선터미널

거제어촌민속전시관을 떠나 지세포항의 정경을 감상하며 지세포 유람선터미널에 도착했다. 외도(보타니아), 해금강, 지심도로 향하는 유람선을 탈 수 있는 이곳은 코로나19의 영향으로 관광객이 별로 없었다.

선창마을 입구의 '거제 보재기집'에서 거제 9미 중의 하나인 멍게비 빔밥으로 점심식사를 했다. 보재기는 해녀를 지칭하는 말이고, 해녀가 직접 잡은 싱싱한 멍게를 저온에서 숙성시켜 채소와 참기름, 깨소금, 김 가루를 뿌려서 만든 멍게비빔밥의 맛이 일품이었다.

지세포항

　　천주교순례길(초소 ~ 와현봉수대 ~ 서이말등대 ~ 돌고래전망대 ~
공곶이 ~ 해안쉼터 ~ 예구마을 ~ 초소 : 13.2km)을 따라 선창마을을
지나 지세포 진성으로 올라갔다. 1490년 조선 성종 때 수군 만호진으로

배초향

라벤더 정원

쌓은 이 성은 현재는 흔적만 남은 언덕비탈에 라벤더와 배초향, 해바라기를 심어 아름다운 탐방길로 조성해 놓았다. 보랏빛 배초향과 노란 해바라기꽃 물결 속에서 탁 트인 바다를 배경으로 멋진 사진을 찍었다. 가을이 성큼 다가왔음을 느낄 수 있었다.

지심도 전망대에서 지심도의 해안 풍경을 감상했다. 하늘에서 내려다본 섬의 모양이 마음 심(心) 자를 닮아 이름 붙여진 지심도는 섬 전체가 동백나무로 뒤덮여 있어서 2월과 3월에 관광객들이 많이 찾는 유명한 장소라고 한다.

지심도 전망대

국방과학연구소 서이말 시험소 울타리를 따라 걸으면서 초소에 도착했는데 해안가 방향으로 끝없이 이어진 철조망과 곳곳에 세워진 멧돼지 출몰 위험지역 표시판이 음산한 분위기를 자아냈다.

천주교 순례길

천주교 순례길 안내판이 서 있는 서이말 삼거리에 도착하니 가랑비가 내리기 시작했다. 코스에서는 약간 벗어났지만, 서이말등대를 구경하러 갔다. 1944년 1월 5일 처음 점등된 서이말등대는 안개가 짙은 날 음파 10마일을 발생시켜 대한해협의 항로를 알려주는 남동해의 주요한 등대라고 한다. 평소에는 민간인 출입이 통제되는 군사보호지

서이말등대

역이지만, 오늘은 다행히도 내부를 개방하여 관람할 수 있었다.

서이말 삼거리로 되돌아와서 공곶이 방향으로 숲길을 걸어갔다. 숲이 울창하고 어두컴컴해서 혼자서는 산행하기 어려울 것 같았다. 지형

이 궁둥이처럼 튀어나왔다고 하여 공곶이라고 하는 곳에 도착하니, 호미와 삽, 곡괭이로만 이름답게 일구어놓은 계단식 다랭이 농원이 있었다. 1957년부터 강명식, 지상악 부부가 정성 들여 수십 년간 가꾸었다고 하며, 50여 종의 나무와 꽃이 아름답게 피고 있었다.

몽돌해변에서 건너편의 내도를 바라보며 한려수도의 아름다운 경관과 파도 소리를 즐겼다. 몽돌해변 자갈밭에 핀 보랏빛 순비기나무꽃이 인상적이었다.

내도는 거제도 본섬에서 바라보면 외도보다 안쪽에 있어서 붙여진 이름으로 거북섬, 모자섬으로도 불린다고 한다. 동백나무, 후박나무, 구실잣밤나무 등 온대성 활엽상수림이 원시림 상태로 자라고 있어서 국내 "명품 섬 BEST 10"에 선정되었다고 한다.

공곶이 가는 숲길

공곶이에서 바라본 내도

공곶이 몽돌해변

예구마을

　해안데크 산책로를 따라 걸으며 음산한 숲속을 지나 예구마을에 도
착했다. 예구항의 해안 풍경을 감상하며 와현로를 걸어 곱고 맑은 물이
잔잔하게 펼쳐진 와현모래숲해변에 도착했다. 와현(臥峴)이라는 지명
은 진시황이 불로초를 구하기 위해 보낸 방사 서불이 아름다운 풍광에
반해 여행에 지친 몸을 쉬며 유숙한 곳이라고 해서 붙여진 이름이라고
한다. 아름다운 와현모래숲해변에서 풍경을 배경으로 인증샷을 찍고 유
람선 선착장과 리베라호텔을 지나 종착지인 구조라 유람선터미널에 도
착했다.

와현모래숲해수욕장

호텔 리베라

　　오후 7시, 늦은 시간이 되어 주변 식당들이 모두 문을 닫았다. 장승
포항으로 이동하여 '거제해산'에서 저녁식사를 했다. 몸도 지치고 배도
고팠지만, 갈비탕과 만두 맛은 일품이었다.

NAMPARANG
ROUTE
22

구조라 유람선터미널 → 학동고개

구조라성에서 해수욕장의 아름다운 경치를 조망하며

 거리(km)
18.2

 시간(시 분)
7:30

 도보여행일: 2021년 09월 11일

★ 꼭 들러야 할 필수 코스!

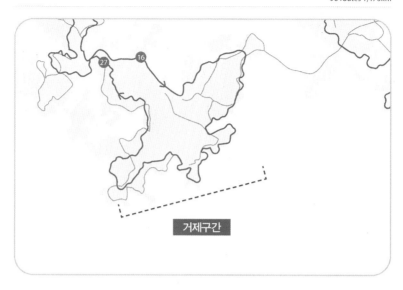

거제구간

구조라 유람선 터미널	1.7k 0:40	수정산 전망대	2.2k 0:50	구조라성

1.1k 0:40

망치몽돌 해수욕장	1.2K 0:30	망치삼거리	2.0k 0:50	구조라해수욕장

2.3k 1:10

동부정수장	1.6K 0:50	망치봉	6.1k 2:00	★ 학동고개

남파랑길 22코스 (구조라·유람선터미널~학동고개)
구조라성에서 해수욕장의 아름다운 경치를 조망하며

수정산 전망대에서 바라본 구조라항

　　장승포항 부근에서 해물뚝배기와 충무김밥으로 아침식사를 했다. 싱싱한 해산물이 가득한 해물뚝배기와 성게미역국, 볼락구이, 오징어와 어묵을 곁들인 충무김밥이 너무 맛있었다.

　　구조라 유람선터미널을 출발해 자갈 해변길을 따라 수정산으로 향했다. 정상에서 바라본 공곶이, 내도, 외도, 해금강의 아름다운 전경과

수정산 정상 조망

반대편의 구조라항과 구조라해수욕장의 풍경은 이곳이 왜 매력적인지를 단번에 이해할 수 있게 했다. 구조라항은 자라의 목처럼 생겼다고 해서 조라목으로도 불렀

구조라 유람선터미널

구조라항 자갈 해변

구조라성

는데 구조라해수욕장과 등을 맞대고 있었다.

　울창한 숲을 지나 도착한 구조라성은 조선시대 '경상우도 소속의 수군진성'으로 쓰시마섬 쪽에서 오는 왜적의 침입을 막기 위해 전방에 축조한 성이라고 한다. 일부 돌 성벽만이 역사의 증거로 남아 있었다. 구조라성 옆의 숲 체험길 쉼터는 해바라기의자, 호랑나비의자 등으로 다채롭게 꾸며져 있어 산책하는 이들에게 재미를 더해 주었다. 숲체험길 쉼터를 한 바퀴 돌아 샛바람소리길의 대나무숲을 지나 구조라 해변으로 내려왔다. 구조라 해변에는 많은 관광객이 모래 해변을 거닐며 즐거

구조라성   구조라해수욕장

운 시간을 보내고 있었다.

특이한 모양의 구조라 주차장을 지나 망치몽돌해변으로 향했다. 둥글둥글한 몽돌로 이루어진 망치몽돌해변은 북병산이 감싸고 있는 지형

망치몽돌해변

흑염소

으로 아름다웠다.

　망치삼거리에서 망치고개를 향해 올라가는데 흑염소가 새끼와 함께 빙그레 우리들을 쳐다본다. 새끼염소가 엄마에게 '쟤들 뭐야?' 하며 신기해하는 듯했다. 산행길은 가파르고 돌이 많은 너덜지대로 힘들었지만, 해안가의 외도, 내도, 해금강의 풍경을 감상하면서 서어나무군락지대를

내도, 외도 풍경

황제의 길

걷는 기분은 상쾌했다. 산판
도로를 따라 걸으며 누리장나
무, 송담, 땅두릅, 장녹, 억새
등을 감상했다.

꽃무릇

'황제의 길'이라고 불리는
망치고개까지의 약 3km 구간
도로변에 꽃무릇을 심어 놓았는데, 꽃무릇이 만개하여 주변 나무와 어
울려 경치가 너무 아름다웠다.

망치고개에 도착하니 22코스 표지판과 오른쪽으로 북병산: 1.5km,

망치고개

멧돼지 발자국

왼쪽으로 학동고개 5.5km라는 등산 안내판이 있었다. 망치봉에 올라서 잠시 휴식을 취한 다음 산판도로를 따라 학동고개로 내려가는데 소나무 와 편백나무로 조림된 숲이 인상적 이었다. 학동고개가 1.0km 정도 남 은 지점을 통과하는데 등산로 주변 을 멧돼지들이 밭을 갈아놓은 듯 마 구 파헤쳐 놓았다. 등골이 오싹했다. 해파랑길과 100명산을 등산하면서 수차례 멧돼지들을 만났는데 그때마다 위험했고 별로 기분이 좋지 않았다.

　사방이 어둑어둑해질 무렵 숲속을 빠져나와 노자산 케이블카 공사를 하는 학동고개에 도착했다. 택시를 이용하여 구조라항에 도착한 다음, 지세포항의 '초정명가'에서 저녁식사를 했다. 음식점 내부를 벚꽃이 만개한 벚나무 조형물과 장독대로 조성해 놓아서 인상적이었고 싱싱한 방어회와 참돔회의 식감도 일품이었다.

초정명가의 생선회

NAMPARANG
ROUTE
23

학동고개 → 저구항

뫼바위전망대에서 외도보타니아, 바람의 언덕 등 해안의 절경을 만끽하고

 거리(km)
13.2

 시간(시, 분)
7:00

 도보여행일: 2021년 09월 12일

학동고개

뫼바위 전망대1

뫼바위 전망대2

전마이재

가라산

저구항

Namparang
≈ Route
23
13.2km

★ 꼭 들러야 할 필수 코스!

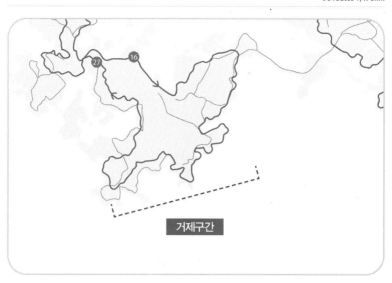

거제구간

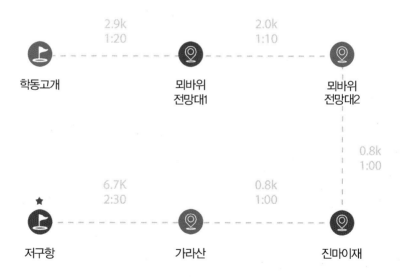

학동고개	2.9k 1:20	뫼바위 전망대1	2.0k 1:10	뫼바위 전망대2

0.8k
1:00

저구항	6.7K 2:30	가라산	0.8k 1:00	진마이재

남파랑길 23코스 (학동고개~저구항)

뫼바위전망대에서 외도보타니아, 바람의 언덕 등 해안의 절경을 만끽하고

뫼바위전망대에서 바라본 학동마을

장승포항에서 성게미역국과 충무김밥으로 아침식사를 하고, 저구 선착장에 차를 주차한 다음 택시를 타고 학동고개로 갔다.

학동고개에 도착해서 노자산 등산 안내도를 살펴본 후, 마늘바위 방향으로 등산을 시작했다. 길을 걷다 보니 나무껍질이 붉은빛을 띠고 회색 반점이 알록달록한 노각나무군락지가 나타났다. 이 독특한 수피 모

충무김밥

양의 나무는 주로 남쪽 지방에서 자라는 차나무과의 낙엽활엽수로 재질이 좋아 전통 목기 제작에 사용된다고 한다. 가을 매미 소리를 들으며 조금 더 올라가니 이번에는 껍질이 회색이고 울퉁

노자산 등산안내도

서어나무군락지

불퉁한 줄무늬를 띠고 있는 서어나무군락지가 나타났다. 이국적인 느낌의 울창한 서어나무 숲을 지나 노자산 약수터에 도착했다.

잠시 휴식을 취한 다음, 능선 갈림길에서 가라산 방향으로 걸어가면서 마늘바위를 지나 뫼바위전망대에 도착했다. 뫼바위는 매가 산중에 올라앉아 내려다보는 형상이라 붙여진 이름으로 매바위, 선녀봉이라고도 했다. 전망대에서 바라보는 학동마을, 공곳이, 내도, 외도, 해금강 등 주변 경치가 환상적이었다. 노자산으로 이어지는 장쾌한 능선을 감상하

뫼바위전망대

뫼바위전망대에서 바라본 노자산 능선

뫼바위 삼거리에서 바라본 전망 | View from Moebawi Samgeori
从山岩三岔路口观赏到的景观 · ムェバウィ三叉路からの眺

뫼바위 삼거리에서 바라본 학동마을

층꽃나무꽃

고, 뫼바위 삼거리를 지나 두 번째 전망 대에 도착했다.

제2전망대에서 팔색조가 찾아온다 는 학동동백림, 바람의 언덕, 거제해금 강, 외도, 내도 등 한려해상국립공원의 풍경과 대포항, 저구항의 어촌풍경을 감 상했다. 바위틈 사이에 핀 층꽃나무꽃이 너무나 예쁘고 아름다웠다.

진마이재를 지나 서어나무군락지를 걷는데, 바위에 이끼가 양탄자 를 깔아놓은 것처럼 예쁘게 피어 있고, 고사목에는 운지버섯이 탐스럽 게 피어 있었다. 이 아름다운 숲길을 따라 가라산 정상에 도착했다. 가 라산(585m)은 거제도에서 가장 높은 산으로 숲이 울창하고 단풍나무 가 많아 사계절 변화가 뚜렷하며 특히 가을에 단풍이 들면 비단같이 아 름답다고 한다. 가라산 정상 표지석에서 인증사진을 찍고, 가라산 봉수

운지버섯   가라산 정상

대 터로 향했다.

　가라산 봉수는 조선시대에 경상도의 '직봉 2로' 중 '간봉 2로'의 초
기 봉수로 미륵산 봉수에 신호를 전달하였다고 한다. 정상에 있는 봉수

가라산 봉수대

조망처에서 바라본 다포마을

대 터는 현재 헬기장으로 되어 있었다. 사방을 둘러보고 돌로 축성된 돌
담길을 따라 성벽 아래로 내려와서 다대산성 쪽으로 갔다.

앞이 확 트인 조망처에서 죽도, 장사도, 저구항 등의 해안경치를 감
상하고 저구항 방향으로 하산하는데 다대산성 부근에서 갑자기 까치
우는 소리가 들려왔다. 이 깊은 산중에 웬 까치? 자세히 살펴보니 주변
숲속에서 멧돼지들이 우리 여기 있다고 경고음을 내는 소리였다. 순간
갑자기 등골이 오싹해져서 걸음을 재촉하여 위험지역을 빠져나와 다대
산성에 도착했다. 다대산성은 통일신라시대 송변현(현 경남 거제시 남

부면 다대리 일원)에 돌로 축성된 산성으로 현재는 일부 흔적만 남아 있었다.

마삭줄과 고마리, 조개풀, 칡꽃 등이 즐비한 산길을 내려와 저구삼 거리에 도착했다. 오늘 걸은 학동고개에서 가라산 주 능선을 거쳐 저구 사거리까지의 산길은 암릉과 울창한 숲속을 걷는 길로 경치는 좋았지 만, 상당히 힘든 구간이었다.

저구 선착장에 도착하여 일정을 마감하고, 학동흑진주몽돌해변의 '해원횟집'에 도착해서 생선회로 저녁식사를 했다. 고소하고 쫄깃한 식 감의 생선회를 먹으면서 하루의 피로를 씻어버렸다. 힘든 하루였지만 즐겁고 행복한 시간이었다.

다대산성

학동흑진주몽돌해변

NAMPARANG
ROUTE
24

저구항 → 탑포마을 입구

거제 '무지개길', 쌍근항 '하늘물고기'의 환상적인 조화

거리(km)
10.6

시간(시, 분)
3:50

도보여행일: 2021년 10월 02일

저구항

동개교

은방~용변

쌍근항 오토캠핑장

탑포항

탑포마을 입구

Namparang
Route
24
10.6km

★ 꼭 들러야 할 필수 코스!

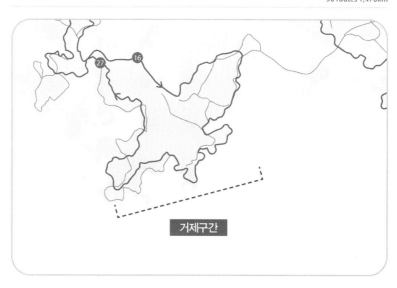

거제구간

	0.5k 0:10		5.5k 1:50	
저구항		둥개교		은방해변

2.0k
0:50

	0.8K 0:20		1.8k 0:40	
★ 탑포마을 입구		탑포항		쌍근항 오토캠핑장

남파랑길 24코스 (저구항~탑포마을 입구)
거제 '무지개길', 쌍근항 '하늘물고기'의 환상적인 조화

쌍근항

'생생이' 해물철판

거제 포로수용소 부근의 '생생이'에서 해물철판으로 점심식사를 했다. 문어, 전복, 가리비, 소라, 홍합, 키조개 등 각종 해산물이 푸짐하여 마치 남해바다의 진수를 맛보는 듯했다.

저구항 유람선 선착장에 주차한 후 저구해안길을 따라 트레킹을 시작했다. 저구항의 아름다운 풍경을 감상하면서 어제 지나온 가라산을 바라보며 걷다가 동개교에 도착했다. 거제 2코스 안내판 앞에서 인증사진을 찍고, 무지개길 종합안내판을 보면서 24코스가 쌍근어촌체험마을까지 무지개길과 일치한다는 것을 알았다.

동개교에서 바라본 저구항

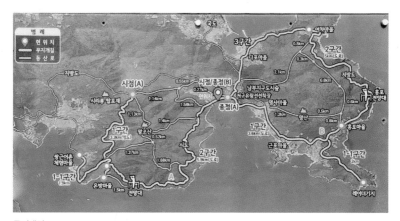

무지개길

　왕조산 임도를 따라 올라가며 연보라빛 쑥부쟁이꽃, 보랏빛 층꽃나
무꽃, 바람에 나부끼는 억새들을 감상했다. 시원한 바닷바람을 맞으며

걷는 이 길이 마치 무릉도원 같았다. 해안가에 있는 전망데크에서 소매물도, 장사도, 욕지도, 용호도, 추봉도, 한산도 등 한려해상국립공원의 섬들을 감상했다. 마을 어르신들은 포진지인 '대포 구덩이'를 '대박 구덕'이라고 불렀는데, 이 부근에 6개의 포진지가 계단형식으로 설치되어 있다고 한다. 전국 방방곡곡에 산재해 있는 일제강점기 때의 흔적을 볼 때마다 가슴이 울컥하며 두 번 다시 나라를 잃어버리는 서러움은 겪지 말아야겠다는 생각이 들었다.

전망데크

쌍근항 오토캠핑장

울창한 팽나무가 있는 쌍근
항의 오토캠핑장에는 많은 사람
이 즐거운 시간을 보내고 있었
다. 쌍근항에 도착해서 본 왕광
현 작가의 푸른 바다를 헤엄치
는 물고기를 형상화한 '하늘물
고기' 조형물이 매우 인상적이
었다.

쌍근항 '하늘물고기'

쌍근어촌체험마을   탑포항

   쌍근 방파제, 쌍근항, 쌍근어촌체험마을을 지나 산판도로를 걷다가
탑포항에 도착했다. 탑포마을의 논에는 벼들이 황금빛으로 물들어 가을
의 풍요로움을 느끼게 했다.

   탑포항에서 남부해안로를 따라 걸으며 저무는 태양의 붉은 노을이

탑포항 석양

탑포어촌체험 휴양마을

바다에 비친 모습을 감상했다. 탑포어촌체험 휴양마을과 어우러진 노자
산의 석양빛 풍경이 환상적이었다.

하루를 정리하며 거제시의 '해
금강 회센터'에서 모듬회와 멍게로
저녁식사를 했다. 싱싱한 멍게의
향긋한 바다향이 하루의 피로를 한
순간에 날려버렸다.

멍게

탑포마을 입구 → 거제파출소

부춘리와 오수리, 시골길에서 만나는 황금 들녘의 정취

거리(km)
14.6

시간(시.분)
5:30

도보여행일: 2021년
10월 02일~03일

★ 꼭 돌러야 할 필수 코스!

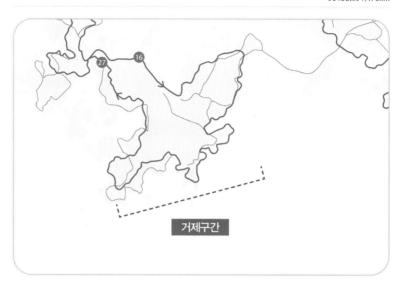

거제구간

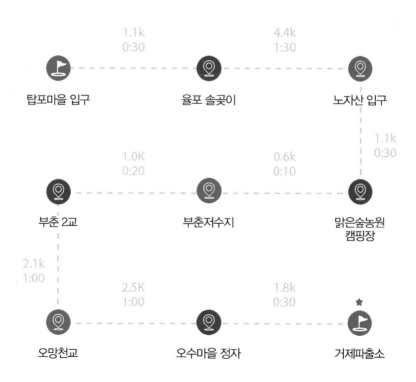

탑포마을 입구   1.1k 0:30   율포 솔곶이   4.4k 1:30   노자산 입구

1.1k 0:30

부춘 2교   1.0K 0:20   부춘저수지   0.6k 0:10   맑은숲농원 캠핑장

2.1k 1:00

오망천교   2.5K 1:00   오수마을 정자   1.8k 0:30   ★ 거제파출소

남파랑길 25코스 (탑포마을 입구~거제파출소)
부춘리와 오수리, 시골길에서 만나는 황금 들녘의 정취

거제 죽림 굴 양식장

솔곶이 버스정류장

탑포마을에서 시작된 25코스 트레킹은 남부 해안로를 따라 걷는 코스로 거북펜션을 지나 율포 솔곶이 버스정류장에 도착해서 전날의 트레킹 일정을 마감했다.

10월 3일 아침 6시 30분, 거제시의 '속 시원한 대구탕'에서 아침식사를 하려 했으나 너무 이른 시간이어서 문이 닫혀 있었다. 남파랑길을 걷다 보면 이른 시간에 영업하는 식당을 찾기가 힘들어 아침식사를 해결하기가 쉽지 않다.

거제시 사등면에 있는 '우리국밥'에서 돼지고기 두루치기와 순두부백반으로 아침식사를 했다. 음식이 매우 정갈하고 맛있었으며 식당의 주인아저씨와 아주머니도 무척 친절했다. 식당 주인아저씨가 개인택시를 운영하고 있어서 청마기념관에 승용차를 주차한 후, 율포 솔곳이 버스정류장까지 택시를 이용했다. 솔곳이 버스정류장 맞은편에 있는 팽나무 두 그루가 파란 가을하늘과 어울려 한 폭의 풍경화를 연출했다.

풀숲이 우거진 논둑길을 헤치고 걸어서 노자산 임도가 시작되는 지점에 도달했다. 25코스 안내판에서 인증사진을 찍고 시멘트로 포장된 임도를 따라 걸었다. 길가에는 큰 수세미와 노란 수세미꽃, 연분홍 접시꽃, 노란 고들빼기꽃 등이 만발해서 다양한 야생화들을 감상하며 즐거운 마음으로 걸었다.

노자산 편백나무숲

부춘저수지

부춘리

　노자산 임도를 따라 걷다가 아름다운 편백나무 가로수길을 만나서 인증사진을 찍고, 맑은 숲 농원 캠핑장을 지나 혜양사 입구의 부춘저수지에 도착했다. 인근 마을 사람들이 낚시를 즐기고 있었다. 소나무숲길을 따라 내려와 부춘농촌체험마을을 지나 부춘2교 부근의 정자에서 잠시 쉬었다. 부춘마을의 논에는 누렇게 익은 벼들이 황금물결을 이루었고, 마을 앞에 수문장처럼 서 있는 큰 느티나무가 인상적이었다.

　부춘1교를 지나 마하재활병원을 거쳐 거제 메주마을에 도착했다. 이 마을은 거제도의 특산품인 메주를 생산하는 곳으로 김금자 명인이

거제 메주마을

유기농 콩만을 사용해 된장, 간장, 고추장, 청국장 등을 만들어 판매하고 있었다. 거제시와 삼성중공업의 후원을 받아서 거제의 전통 발효식품 문화를 이어가고 있었다.

오망천삼거리를 지나 오망천교를 건너서 산양천 둑길을 걸으며 산촌제1교를 지났다. 황금 들판 너머로 계룡산과 산촌마을, 선창마을의 풍경이 마치 한 폭의 그림처럼 펼쳐졌다. 산양천 둑길을 따라 선창마을 황금 들판으로 접어들며 아름다운 풍경을 사진에 담았다. 가을은 정말 풍성한 계절임을 다시 한번 느꼈다.

산촌제1교

계룡산과 산촌마을

선창마을

고철마을

　오수마을을 지나며 주렁주렁 달린 작두콩을 보았다. 거제 고철마을을 지나며 잘 정돈된 마을의 모습에 감탄했다.

　거제 황토 파라스파와 거제하수처리장을 지나 거제항 둑길에 도착했다. 거제파출소로 향하는 거제항 둑길을 걸으며 앞바다에 늘어선 굴양식장의 모습과 계룡산, 옥산금산성의 경치를 감상했다. 해안경치와 어우러진 아름다운 풍경에 도취해 둑길에서 멍하니 바라만 보았다. 이렇게 행복한 순간을 맞이하며 거제파출소에 도착해 25코스 트레킹을 마감했다.

거제항 둑길

계룡산과 옥산금산성

거제 죽림 굴 양식장

거제파출소 → 청마기념관

외관리 동백나무와 대봉산임도, 신두구비재의 자연 속으로

 거리(km)
13.4

 시간(시, 분)
4:00

 도보여행일: 2021년 10월 03일

★ 꼭 들러야 할 필수 코스!

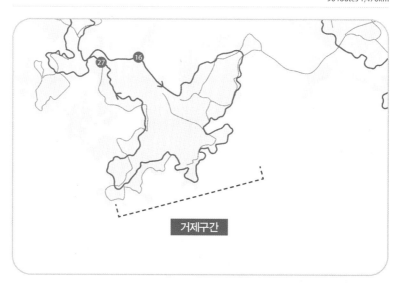

거제구간

거제파출소 — 2.8k 0:50 — 외간리 동백나무 — 1.9k 0:30 — 대봉산 갈림길

대봉산 갈림길 — 3.3k 1:10 — 신두구비재

청마기념관 — 2.4K 0:40 — 상죽전마을 — 3.0k 0:50 — 신두구비재

남파랑길 26코스 (거제파출소~청마기념관)
외관리 동백나무와 대봉산임도, 신두구비재의 자연 속으로

대봉산 임도에서 바라본 거제시

거제파출소 부근에서 코다리 정식으로 점심식사를 하고, 거제항 주변을 둘러본 후, 26코스 트레킹을 시작했다. 스포츠파크의 해변 길을 따라 걸으며 거제국민체육센터를 지났다. 거북선 모양의 집을 감상하며

거제항

거제스포츠파크

제비콩

간덕천을 따라 걸었다. 맞은편에 있는 거제식물원(정글돔)과 그 뒤편으로 펼쳐진 계룡산의 가을 전경이 마치 한 폭의 그림처럼 아름다웠다. 외간초등학교를 지나는 길에 돌담에 예쁘게 핀 제비콩을 구경하고, 외간리 동백나무에 도착했다.

외간리 동백나무는 경상남도 기념물 제111호로, 줄기가 곧고 굵으며 높이가 8미터에 달했다. 두 그루의 큰 동백나무와 주변의 장군돌, 정자 등을 둘러보았다. 파인애플 농장을 방문해 탐스럽게 열린 파인애플

외간리 동백나무

파인애플

도 구경했다. 늙은 호박, 홍가시나무, 누런 감들이 주렁주렁 달린 감나무 등을 감상하며 가을 풍경을 만끽하고 임도를 따라 대봉산으로 올라갔다.

장수공원을 지나 대봉산으로 오르는 임도에서 계룡산과 거제시 전경을 내려다보니 황금물결의 거제 들녘과 병풍처럼 둘러싼 계룡산자락이 파란 하늘과 어우러져서 장관이었다. 임도 양쪽으로는 유자나무가 울창하게 자라고 있었고, 유자나무에는 유자가 주렁주렁 열렸다. 신두구비재까지 4.5km라는 이정표를 지나 약 30분가량 걸어서 대봉산과 외간리 갈림길에 도착했다.

거제 계룡산

장수공원   유자

외간리

　억새, 털수염풀, 등골나물, 꽃향유 등의 야생화가 만발한 산판도로를 걸으며 편백나무숲길, 삼나무숲길, 갈대숲길을 지나 깊은 산속으로 들어갔다. 주변엔 온통 멧돼지들이 땅을 파헤친 흔적들이다. 흙이 젖어 있는 것으로 보아 금방이라도 멧돼지들이 튀어나올 것 같아 등골이 오싹

했다. 이곳은 산세도 깊고 숲도 음산하여 혼자 산행하기에는 좋지 않을 것 같았다.

오후 5시 20분에 신두구비재에 도착했다. 청마기념관까지는 아직 5km가 남았다. 일몰 시각을 고려해 볼 때 아무래도 1시간가량은 야간 산행을 해야 할 것 같았다. 이미 몸은 지칠 대로 지쳤지만, 별 도리가 없었다. 오늘 아침부터 현재까지 만보기로 32,616보, 22km를 걸었는데 걱정된다.

갈대와 등골나물꽃이 만발한 산판도로를 따라 내려와 오후 6시에 상죽전마을에 도착했다. 축사를 지나면서 길가에 백년초가 예쁘게 피어 있어 사진을 찍었다. 해가 지면서 주변이 갑자기 어두워졌다. 청마기념관까지는 이제 2km! 상죽전마을에서 아래로 내려갈 줄 알았는데 길은 산길로 다시 올라갔다. 캄캄한 산방산 숲속으로 들어서는 순간 긴장감이 최고조에 도달하여 일행 모두가 모르핀을 맞은 것처럼 초능력을 발휘하기 시작했다. 피로감이나 아픈 곳이 순식간에 사라진 듯 가파른 산판길을 내달려 단숨에 고갯마루로 올라섰다. 뒤따라가느라 진땀을 뺐

신두구비재

다. 고갯마루에 올라서니 산방산 쪽으로 가는 길은 리본이 달려 있고 마을로 내려가는 산판도로는 잡풀이 우거져 정비가 되어 있지 않았다. 당연히 리본을 따라 한참을 올라갔는

상죽전마을   방하마을

데 왠지 느낌이 이상했다. 지도를 보고 다시 분석해 보니 풀숲으로 가야
한다. 되돌아 내려와 풀숲을 헤치고 산판도로를 따라 기진맥진 방하마
을에 도착했다.

　방하마을에 도착하니 멀리 청마기념관의 불빛이 보였다. 칠흑 같은
밤에 오직 스마트폰 불빛 하나에 의존해 풀숲을 헤쳐나온 우리 형제의
용기와 담력이 돋보였다. 평소에 연마한 훈련의 결과인가? 모처럼 만에
느껴보는 오싹한 체험이었다.

　청마기념관에 도착해서 일정을 마감하고, 거제시 사등면의 '구선장
네 횟집'에서 저녁식사를 했다. 싱싱한 참돔과 광어회, 문어, 전복, 멍게,
초밥, 새우튀김으로 구성된 자연산 모듬회로 심신을 달랬다.

청마기념관 → 장평리 신촌마을

청마기념관과 거제둔덕기성, 해안의 아름다움을 감상하며

거리(km)
11.9

시간(시, 분)
4:20

도보여행일: 2021년 10월 04일

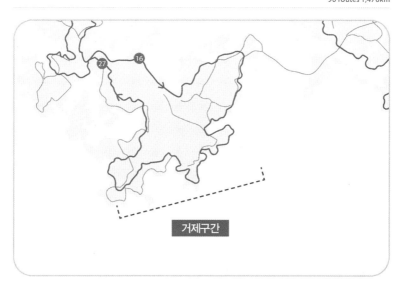

거제구간

	4.6k 1:40		3.5k 1:20	
청마기념관		둔덕기성		시래산 입구

1.8k
0:40

	1.4K 0:30		0.6k 0:10	
장평리 신촌마을		견내량항		오량초등학교

남파랑길 27코스 (청마기념관~장평리 신촌마을)

청마기념관과 거제둔덕기성, 해안의 아름다움을 감상하며

둔덕기성에서 바라본 오랑리

청마기념관과 청마 유치환 생가를 방문하며 시작된 이번 코스 트레킹은 거제도가 배출한 유명 시인이자 교육자인 유치환의 발자취를 따라가는 여정이었다.

청마기념관이 위치한 방하마을은 거봉 포도 생산지로 유명했다. 코로나19가 아니었다면 이곳에 코스모스를 심어 축제 분위기를 북돋웠을

청마 생가

텐데 코로나로 인하여 포도 농장으로 바뀌었다고 한다. 이달에는 제14회 청마 문학제가 열릴 예정으로 청마의 아름다운 시구들이 방산교 입구에서 바람에 펄럭이고 있었다.

방산교 깃발 축제

　방산교를 건너 거림리 고려촌 문화체험길을 따라 거림소류지에 도착했다. 작은 웅덩이인 거림소류지를 지나며 거제둔덕기성으로 향하는 시멘트 포장도로를 오르기 시작했다. 황금빛으로 물든 벼들과 산방산

거림소류지

거림마을 임도

둔덕기성 집수지

자락에 안긴 방하마을의 그림 같은 풍경이 인상적이었다. 독특하게 생긴 붉은 꽃과 검은 열매들이 가득 달린 누리장나무와 벚나무의 낙엽을 밟으며 임도를 올라 거제둔덕기성에 도착했다.

　사등면과 둔덕면의 경계에 있는 우봉산 자락의 거제둔덕기성은 고려시대에 의종이 정중부 등의 무신란을 피해 이곳으로 쫓겨와 3년간 머물렀다가 살해된 역사적인 장소다. 고려 왕족들이 유배되었던 장소로서 고려인들이 집단으로 거주했다고 하여 고려촌이라고도 하며, 사적 제509호로 지정되었다. 둔덕기성 내에는 동문지, 서문지, 남문지, 집수지,

건물지 등의 유적들이 남아 있었다.

둔덕기성 정상에서 내려다본 통영 한려수도의 풍경이 반짝반짝 빛나는 에메랄드빛 남해바다와 어우러져 너무 아름다웠다. 왜 통영을 한국의 나폴리라고 부르는지 알 것 같았다. 오른편으로는 오량리와 거제 앞바다에 밭을 갈아놓은 듯한 엄청난 규모의 양식장이 아름다운 경치를 더해 주었다.

산판도로를 따라 내려오며 시래산 입구를 지나자, 유자나무밭이 나타났다. 탱글탱글한 초록색 유자들이 주렁주렁 달려 있었다. 약 4km를 내려와 오량교차로에 도착했다. 오량교회를 바라보며 오량천을 따라 걷

둔덕기성에서 바라본 통영

유자밭

견내량항

다가 오량 제1교에서 좌회전했다. 신거제대교 아래에서 인증샷을 찍고 오량초등학교를 지나 견내량항에 도착했다. 견내량항을 중심으로 좌측에는 구거제대교가 있고 우측에는 신거제대교가 한눈에 들어왔다.

구거제대교를 건너며 양옆으로 바라본 한려수도의 전경이 환상적이었다. 왼쪽으로는 거제도와 통영 방향의 풍경이, 오른쪽으로는 신거제대교와 견유마을의 풍경이 아름다웠다. 거센 바람을 맞으며 경치를 감상하며 구거제대교를 건너 장평리 신촌마을에 도착해 일정을 마감했다.

택시로 청마기념관에 도착하여, 2박 3일간의 4개 코스 완주를 마치고, 거제시의 '이든 횟집'에서 점심식사를 한 다음 귀가했다.

구거제대교

구거제대교에서 바라본 견유마을

NAMPARANG
ROUTE
28

장평리 신촌마을 → 남망산 조각공원 입구

이순신공원과 남망산 조각공원, 예술과 자연의 조화

거리(km)	시간(시, 분)	도보여행일: 2021년 10월 23일
15.5	5:40	

장평리
신촌마을

용남생활체육공원

삼화삼거리

심봉산

일봉산

화포마을회관

세자트라숲

이순신공원

남망산
조각공원 입구

Namparang
≈≈≈ Route
28
15.5km

★ 꼭 들러야 할 필수 코스!

고성 & 통영구간

	1.4k 0:20		0.9k 0:20	
장평리 신촌마을		용남생활체육 공원		삼화삼거리

1.8k 0:30

	1.9K 0:40		2.4k 1:00	
화포마을회관		일봉산		삼봉산

1.8k 0:40

	1.8k 0:40		3.5k 1:30	
세자트리숲		이순신공원		남망산 조각공원 입구

남파랑길 28코스 (장평리 신촌마을~남망산 조각공원 입구)
이순신공원과 남망산 조각공원, 예술과 자연의 조화

남망산 조각공원에서 바라본 금호마리나리조트

　통영의 졸복 전문점에서 복국으로 아침식사를 하고 통영시의 숙소에 주차한 다음 택시로 거제대교 신촌마을 버스정류장에 도착하여 트레킹을 시작했다.

　장흥 고씨 통영 문중 자연장 추모공원에 도착했는데 깔끔하게 조성해 놓았다. 장묘 문화가 변화하는 것을 실감하고 잔디장, 평장, 해양장, 풍선장 등등 앞으로 어떻게 변화할지 상상해 보았다. 통영 오토캠핑장과 통영생활체육공원 테니스장을 지나 삼화두레길을 걸었다. 삼봉산과 화조암이 바람에 나부끼는 억새들과 어우러져 가을 정취를 느끼게 했다. 삼화삼거리와 음촌마을을 지나 산판도로를 따라 삼봉산 둘레길로 올라갔다.

삼화둘레길

　남파랑길 15코스와 28코스가 만나는 지점에서 안내판을 배경으로 사진을 찍고 삼봉산 둘레길인 산판도로를 따라 걸었다. 날씨가 쾌청하여 기분이 상쾌했고 숲에서 내뿜는 맑은 공기가 상큼했다. 칡덩쿨이 소나무를 꼭대기까지 감고 올라가는 것을 보며 이런 생각을 해 보았다. 한 놈은 같이 살자고 칭칭 감고 올라가며 빨아먹고, 다른 한 놈은 못 살겠다고 하늘 높이 위로 뻗어 올라가고… 어느 놈을 살리고 어느 놈을 죽여야 하나? 이 또한 자연 생태계인걸! 오늘따라 유심히 넝쿨 식물들이 눈에 많이 띄었다.

　이봉산과 일봉산 둘레길을 지나 화포마을로 들어서는데 흑염소 떼가 길을 막고 서 있었다. 사진을 찍으려고 하니 초상권 침해라고 어미가

칡덩쿨

선촌마을 굴

새끼들을 몰고 산으로 올라갔다. 화포마을회관 앞 폐가의 담벼락에 붙
어 자라는 담쟁이넝쿨이 인상적이어서 사진에 담아 보았다. 해안가의
선촌마을에서는 채취한 굴을 씻고 있었다. 요즘 굴이 제철인가 보다. 선
촌마을 표지석에서 기념사진을 찍고 세자트라숲으로 향했다.

세자트라는 '지속 가능성과 공존'을 의미하는 산스크리트어로 25개

세자트라숲

아시아 태평양 RCE가 함께하는 공
동프로젝트 명칭이라고 한다. 통영
RCE 세자트라숲이 발전 교육 거점
센터로 2015년 5월에 개장되었다고
한다. 많은 사람이 알록달록하게 물
든 메타세쿼이아 숲길을 걸으며 가
을 경치를 즐기고 있었다.

이순신공원에서 바라본 해안풍경

    가을 햇살에 비쳐 신비로운 분위기를 자아내는 동백숲 터널을 지나 맑은 하늘과 푸른 바다를 바라보며 해안을 따라 걷다가 아름다운 편백

나무숲을 지나 이순신공원에
도착했다. 큰 칼을 옆에 차고
갑옷을 두른 늠름한 모습의
이순신 장군 동상이 우리 시
선을 압도했다. 충무공 이순신
장군의 친필 휘호인 '**필사즉**
생 필생즉사 – 죽고자 하면 살

이순신공원

것이요, 살고자 하면 죽을 것이다'를 외치며 부하들을 호령하고 있는 것 같았다. 이순신공원에서 바라보는 한산도, 금호마리나리조트, 미륵산의 풍경이 너무나 아름다웠다. 임진왜란 때 이 한산도 앞바다에서 이순신 장군이 학익진으로 왜선 59척을 격침한 한산대첩에 관한 설명을 읽으면서 장군의 지략과 용맹을 느껴보았다.

이순신공원을 지나 동호항으로 나왔다. 동호항 방파제에는 다양한 문양의 통영 연들이 그려져 있었는데 임진왜란 시 통영 연이 전술 연으로 사용되기도 했다고 한다. 동호항에 정박한 배들과 미륵산 경치를 감상하며 디피랑 198계단에 도착했다. 디피랑 198계단을 힘겹게 올라갔다. 정상에서 조망하는 동호항 쪽 경치가 매우 아름다웠다. 통영의 남쪽에 위치해서 남망산이라고 불리게 되었다는 남망산 전망대에 도착하니 동백나무꽃으로 조형된 전망대가 매우 인상적이었다. 이 전망대에서 바

디피랑 198계단에서 바라본 동호항

남망산공원 숲하늘길

토지대장군 터널   남망산에서 바라본 강구안

라보는 한산도의 바다 풍경과 미륵산의 경치가 압권이었다. 남망산 조
각공원 정상에는 이순신 장군 동상이 있고 전망대에서 정상까지 남망
산공원 숲하늘길을 조성해 놓았다. 그물망을 뚫고 소나무 숲길을 통과
하는 재미가 아주 좋았다.

남망산 전망대에서 남망산 조각공원 입구로 내려오는 도중에 토지
대장군 터널을 조성해 놓았다. 터널 상단에서 조명 시설로 하얀 실들과
같은 유리섬유를 늘어뜨려 놓았는데 신비스러웠다. 강구안 정경을 감상
하며 남망산 조각공원 입구에 도착했다.

통영 중앙시장의 활어 특화거리에서 밀치, 돔, 광어, 우럭 등을 구입
해 저녁식사를 했다. 참숭어를 밀치라고 하는데 눈자위가 노랗고 꼬리
지느러미가 일자 모양이다. 겨울이 제철인 밀치가 큰 것으로 네 마리가
4만 원이다. 양도 푸짐하고 가격도 저렴했으며 쫄깃쫄깃하고 고소한 맛
이 일품이었다. 코로나로 손님이 한 명도 없는 가게에서 우리만 단독으
로 만찬을 즐겼다.

남망산 조각공원 입구 → 무전동 해변공원

동피랑 벽화마을과 서피랑 공원의 산책

🏃 거리(km)
21.0

🕐 시간(시, 분)
8:20

🗓 도보여행일: 2021년 10월 24일

동피랑 벽화마을

총렵사

서피랑 공원

남망산 조각공원 입구

통영시립박물관

해저터널

편백숲길 캠핑장

편림생활체육공원

무전동 해변공원

Namparang
Route
29
21.0km

★ 꼭 들러야 할 필수 코스!

고성 & 통영구간

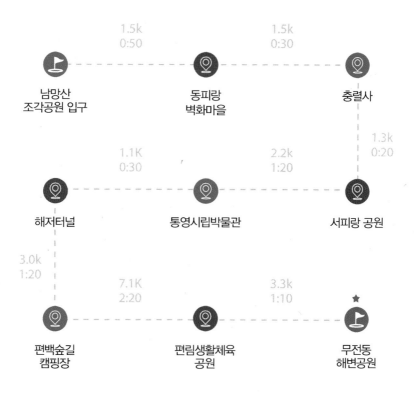

	1.5k 0:50		1.5k 0:30	
남망산 조각공원 입구		동피랑 벽화마을		충렬사

1.3k 0:20

	1.1K 0:30		2.2k 1:20	
해저터널		통영시립박물관		서피랑 공원

3.0k 1:20

	7.1K 2:20		3.3k 1:10	★
편백숲길 캠핑장		편림생활체육 공원		무전동 해변공원

남파랑길 29코스 (남망산 조각공원 입구~무전동 해변공원)

⚠ 동피랑 벽화마을과 서피랑 공원의 산책

서포루에서 바라본 통영시

2021년 10월 23일 토요일, 남망산 조각공원에서 내려와 강구안 해안을 지나 동피랑 벽화마을로 올라갔다. '피랑'은 가파른 비탈 지대를 뜻하는 '벼랑'의 방언이며 동피랑은 동쪽의 벼랑 지대를 의미하는 지명이다. 동피랑 벽화마을은 정상에 있는 전망대, 동포루까지 이르는 골목길을 아름답고 특색 있는 벽화로 꾸며 놓았다. 주변에는 카페와 찻집들

동피랑 벽화마을

이 많았다. 골목골목의 벽화를 감상하며 동포루에 도착해 통영 시내와 한산도, 미륵산 일대의 조망을 감상했다. 바다와 어우러진 경치는 너무나 아름다웠고 속이 확 트여 시원했다.

동포루에서 바라본 미륵산

통영 삼도수군통제영의 세
병관에 도착했다. 세병관은 조
선 후기 삼도수군통제사영의
객사로 국보 제305호로 지정
되었다. '세병'이란 '은하수를
끌어와 병기를 씻는다'라는 뜻
으로 이순신 장군의 전공을

삼도수군통제영

기리기 위해 1603년에 세운 건물이다. 외국인이 통영을 소개하는 영상
을 제작하기 위해 열심히 촬영하고 있었다. 요즘 세상이 한류 열풍으로
들끓어 많은 외국인이 한국에 대한 많은 관심을 가지는 것을 보며 한국

인으로서 긍지와 자부심을 느꼈다. 세병관 옆 간창골 돌담길을 돌아 충
렬사에 도착하니 해가 저물어 일정을 마감했다.

2021년 10월 24일 일요일 아침 7시, 통영시의 '동광식당'에서 까치
복으로 아침식사를 했다. 쫄복과는 또 다른 맛이었다. 가격도 1인분에
18,000원으로 비쌌지만, 복의 양은 푸짐했다. 오늘 멀리 가야 해서 아침
부터 배불리 먹었다.

충렬사 주차장에 주차하고 서피랑 마을로 올라갔다. 명정동 노인회
관의 박경리 학교 어르신 작품전을 감상하고 서피랑 공원으로 올라가
는데 길가의 집들이 정원을 예쁘게 꾸며 놓았다. 아기자기한 인형들로
꾸며진 정원을 감상하며 기념사진도 찍었다. 서피랑 공원의 서포루로
올라갔다. 서포루는 통영성의 서쪽, 서피랑의 정상에 있는 망루다. 서포
루에서 내려다보는 통영항과 남망산의 경치, 전망데크에서 바라보는 한
산도와 미륵산의 풍광이 환상적이었다. 서피랑 공원은 뚝지먼당 99계
단, 음악정원, 피아노계단, 벼락당과 후박나무, 서피랑 등대, 전망데크,
호화원 등으로 예쁘게 잘 꾸며

서피랑의 후박나무와 피아노계단

져 있었다. 피아노 건반을 밟
으며 피아노 계단을 걸어 올라
벼락당과 후박나무를 감상하
고 전망데크에서 조타기를 잡
고 미륵산을 배경으로 멋진 인
증샷도 찍었다. 통영을 여러

통영 해저터널   통영해안로

번 다녀왔지만, 서피랑 공원은 이번이 처음이다. 통영을 방문하면 꼭 들러볼 만한 곳이다.

통영의 인사하는 거리를 지나 통영시립박물관에 도착했다. 통영이라는 지명은 조선시대 경상도, 전라도, 충청도 3도의 수군을 총괄하는 삼도수군통제사영을 줄여서 부르던 것으로 통제사영 또는 통제영에서 유래되었다고 한다. 기획 전시실에서 통제영 12공방을 관람했다. 통제영 12공방이란 선자방(부채를 만들던 공방), 칠방(각종 소공품에 옻칠을 담당한 공방), 총방(말총을 재료로 사용하는 공방), 입자방(모자를 만들던 공방), 소목방(나무로 생활용품을 만들던 공방), 상자방(음식을 담는 고리를 만드는 공방), 동개방(동개〈작은 활과 화살을 함께 꽂아 넣어 등에 지는 가죽 주머니〉를 만들던 공방), 안자방(말안장을 만들던 공방), 화자방(각종 신발을 만들던 공방), 화원방(그림을 그리던 공방), 야장방/연마방(각종 철물을 주조, 연마하는 공방), 은석방(장석과 장신구를 만들던 공방)을 말한다. 통제영에서 시작된 생산 공정의 분업화와 전문화 수준에 놀라움을 금치 못했다.

윤이상 학교 가는 길을 따라 도천음악마을의 윤이상 기념관에 도착했다. 윤이상 학교 가는 길바닥에 윤이상이 작곡한 악보를 그린 동판을 박아 놓아서 인상적이었다. 윤이상 음악상자와 피아노 치는 손 조형물이 있는 윤이상기념공원을 둘러보고 통영 해저터널로 이동했다. 통영 해저터널은 통영과 미륵도를 연결하는 터널로 1932년 일제 강점기 때 건립된 동양 최초의 해저 구조물이다. 해저터널을 잠시 둘러보고 통영 해안로를 따라 걸었다. 충무교 밑을 지나며 저 멀리 보이는 푸른 남해바다와 섬들의 풍광을 즐겼다.

남해바다

민양마을

　통영대교를 건너 경상대학교 통영캠퍼스를 지났다. 천대국치길을 걸으면서 바라보는 남해바다와 섬의 풍경이 정겨웠다. 곳곳에 양식장들이 즐비했다. 국치마을을 지나며 마주친 풍성한 배추밭과 어우러진 전원주택이 너무 아름다웠다. 통영 편백숲길 캠핑장을 지나 민양마을에 도착했다. 바다에는 온통 굴 양식장과 어구를 실은 배들로 가득했다. 12시가 되어 배도 고프고 몸도 지쳤다. 점심식사를 해야 하는데…

　평인일주로를 따라 걸으며 우포마을에 도착했다. 넓게 펼쳐진 양식장 저 너머로 사량도 지리산이 보였다. 지리산과 칠현산을 연결하는 다

사량도 지리산

우포마을 유자밭

리도 희미하게 보였다. 도로변의 유자 농장에서 주렁주렁 달린 노란 유자를 배경으로 사진을 찍었다. 해양소년단거북선캠프를 지나 노을 전망대에 도착했다. 오후 1시가 훌쩍 지나 배도 고프고 지칠 대로 지쳤다. 평인일주로를 걷는 동안 식당이 하나도 없었다. 그 흔한 중국집도 편의점도 없었다. 이 지역 사람들은 외식도 안 하는가? 전망대에 앉아 쉬면서 냉수로 허기를 달랬다.

대평마을의 통영체육관 앞에 도착하니 중국 음식점이 하나 있었다. 배는 고프지만, 점심때도 너무 늦었고 오늘 종착지인 무전동 해변공원이 얼마 남지 않아 점심은 그냥 생략했다. 무전동 해변공원에 도착하기 전에 도로상에서 바라보는 무전동과 남해바다 풍경이 너무 아름다웠다. 지나가는 길손이 고맙게도 단체 사진을 찍어주었다. 무전동 해변공원의 바다 위에 세워진 파타야 카페 앞에서 일정을 마감했다.

통영의 굴 요리 전문점에서 다양한 굴 코스요리로 저녁식사를 했다. 굴회, 굴전, 굴보쌈, 굴튀김, 굴만두 등 다양한 굴 요리를 맛보았는데 굴전과 굴회가 가장 맛있었다.

평인일주로에서 바라본 무전동

굴전과 굴회

NAMPARANG
ROUTE
30

무전동 해변공원 → 바다휴게소

제석봉과 발암산에서 바라보는 남해안의 웅장한 풍경

 거리(km)
20.6

 시간(시, 분)
7:10

도보여행일: 2021년 11월 06일

무전동 해변공원

동원중·고등학교

용봉사

제석봉

발암산

상노신교차로

관덕저수지

원동마을

바다휴게소

Namparang
≋ Route
30
20.6km

★ 꼭 들러야 할 필수 코스!

고성 & 통영구간

	1.6k 0:30		1.2k 0:20	
무전동 해변공원		동원중 · 고등학교		용봉사

2.8k
1:10

	2.0K 0:30		4.2k 1:50	
상노산교차로		발암산		제석봉

1.8k
0:30

	4.3K 1:30		2.7k 0:50	★
관덕저수지		원동마을		바다휴게소

남파랑길 30코스 (무전동 해변공원~바다휴게소)
제석봉과 발암산에서 바라보는 남해안의 웅장한 풍경

평리길 저녁노을

　여행을 즐겁게 하려면 먹거리와 잠자리가 중요하다는 것은 여행자
라면 누구나 공감하는 사실이다. 잠자리는 편의를 위해 모텔을 주로 이
용하며 '여기어때' 웹사이트를 통해 예약한다. 먹거리 선택은 개인의 취
향이 다양하므로 인터넷 검색, 맛집 가이드북, 현지인의 추천, 그리고
택시 기사님들의 조언을 바탕으로 결정한다.

　고성의 '신학식당'에서 해물전복뚝배기로 푸짐한 아침식사를 하고
택시를 타고 무전동 해변공원에 도착해 섬카페 앞에서 트레킹을 시작
했다. 섬카페와 어우러진 아름다운 해안 경치를 감상하며 해변공원을
지나 원문터널을 향해 걸었다. 도로변에 가로수로 심어진 피라칸타와
먼나무에 붉은 열매가 주렁주렁 매달려 있었다.

무전동 해변공원

먼나무 열매

　　통영 서울병원을 바라보며 원문터널을 지나고 고갯마루의 동원중학
교를 거쳐 용봉사에 도착했다. 용봉사에는 길이 12미터의 천연 취옥석
으로 조각한 동양 최대의 석가여래 열반상이 자리하고 있었다. 여래 열
반상과 약사유리광여래불을 참배한 다음 등산로를 따라 제석봉으로 향
했다.

무전마을

용봉사

제석봉에서 바라본 통영시

　가파른 오르막길을 올라가며 가쁜 숨을 몰아쉬었다. 향교봉을 지나 제석봉에 도착했다. 알록달록한 단풍으로 물든 숲길을 걸으면서 가을의 정취를 만끽했다. 제석봉의 전망대에서 바라본 통영 시가지의 전경이 환상적이었다.

　길 양쪽으로 꽃무릇의 파릇파릇한 잎사귀가 탐스럽게 돋아나 있었는데 일정한 간격으로 심어놓은 것 같았다. 멧돼지 흔적이 많은 산길을 따라 암수바위와 전망바위를 지나 발암산 정상에 도착했다. 산불감시초소가 있는 정상에서 도산마을과 고성만 일대의 경치를 감상했다.

발암산 암수바위 지나서   발암산 정상

발암산에서 내려와 상노산 교차로를 지나 광도천 둑길을 따라 한퇴
로를 걸었다. 한퇴마을과 한퇴교를 지나며 광도천 둑길을 걷는 동안 갈
대와 은빛 억새들이 노란 들국화와 어우러져 가을의 정취를 물씬 풍겼
다. 관덕저수지 부근에서 도로에 주저앉아 간식을 먹으며 잠시 휴식을
취했다.

한퇴길(광도천변)   관덕저수지에서 바라본 한퇴길

백우정사에 도착했다. 거대한 관세음보살상이 있는 비로전 앞에서 사진을 찍었다. 입구에 핀 노란 국화꽃과 하얀 구절초를 감상한 후 조선시대 통제사가 한양을 오가던 길인 '통제사 옛길'로 접어들었다. 구불구불한 임도를 따라 고개를 넘어가며 아름다운 편백나무 숲길을 지나 원동마을에 도착했다. 원동마을 앞 교차로를 건너 남해안대로 변을 따라 이어지는 억새 길이 해 질 무렵 붉은 노을과 어울려 환상적인 분위기를 연출했다. 억새 길과 들판이 어우러진 평리마을의 풍경이 장관이었다.

백우정사

원동마을

남해안대로 변 억새길

해넘이를 배경으로 사진을 찍고 논
길을 따라 평리길을 걸으며 바닷가 쪽
으로 걸어갔다. 붉은 노을에 비친 따박
섬과 굴 양식장의 풍광이 환상적이었
다. 원산천 너머로 벽방산 아래 원동마
을의 풍경이 갈대와 어우러져 매우 아
름다웠다. 어두워지기 시작할 무렵 원

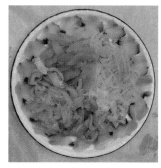

오징어 모듬회

산리 바다휴게소에 도착하여 일정을 마감했다. 택시를 이용하여 고성읍
의 '오징어와 친구들'에서 저녁식사를 했다.

따박섬

NAMPARANG
ROUTE
31

바다휴게소 → 부포사거리

해지개 해안둘레길의 아름다움과 고성 남산공원의 자연 속으로

 거리(km)
17.6

 시간(시 분)
6:00

도보여행일: 2021년 11월 07일

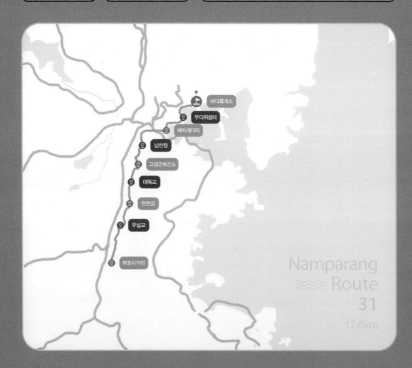

바다휴게소
무더위쉼터
해지개다리
남산정
고성군보건소
대독교
면전교
우실교
부포사거리

Namparang
≋ Route
31
17.6km

★ 꼭 들러야 할 필수 코스!

고성 & 통영구간

	2.1k 0:40		2.2k 0:50	
바다휴게소		무더위쉼터		해지개다리

1.8k
0:50

	0.9K 0:20		3.2k 1:10	
대독교		고성군보건소		남산정

2.2k
0:50

	1.6K 0:30		3.6k 0:50	
면전교		우실교		부포사거리

남파랑길 31코스 (바다휴게소~부포사거리)
해지개 해안둘레길의 아름다움과 고성 남산공원의 자연 속으로

해지개 다리

　　원산리 바다휴게소를 출발해 남해안대로를 따라 걸으면서 월평마을 해안가 밭에서 해풍을 맞으며 싱싱하게 자라는 시금치를 발견했다. 무더위가 한창인 중턱을 지나 고개를 넘자, 아침 일찍이라 아직 손님이 없는 예쁜 도어카페가 나타났다. 주변 경치는 매우 아름다웠다.

　　해지개 해안둘레길에 도착하니 '거대한 호수 같은 바다의 절경에 해가 지는 모습이 너무나 아름다워 그리움이나 사랑하는 사람을 절로 떠올리게 한다'라는 해지개 다리 주변에 1.4km 길이의 나무데크로 이루어진 둘레길이 조성되어 있었다. 하트모양의 전망대에서 해안 경치를 감상하고 데크길을 걸으며 익룡과 인어공주, 고래 등을 그린 벽화와 초승달 모양의 조형물을 배경으로 인증사진도 찍었다. 오션스파 호텔을 지나 해지개 다리 위에서 해안 경치를 감상하는 풍경이 환상적이었다.

해지개 해안둘레길

해지개 해안둘레길

남산정   가시나무

금목서   은목서

남산공원 오토캠핑장을 지나 남산공원으로 올라가니 입구에는 멧돼지가 자주 출몰한다는 경고 표지판과 '야간에는 공원 산책을 삼가세요'라는 안내문이 있었다. 남산교 위에서 삼정대로의 풍경을 감상한 후 남산정에 올랐다. 남산공원의 정상 정자인 남산정에서는 고성 시내와 남해안 일대의 경치를 한눈에 볼 수 있었다. 아기자기하게 잘 꾸며진 공원을 감상하며 단풍이 든 가로수길을 걸었다. 가시나무에는 도토리 모양의 열매가 맺혔고 금목서와 은목서에는 각각 노란 꽃과 하얀 꽃이 탐스럽게 피어 있었다.

호국참전유공자비를 둘러본 후 6.25 반공 유적비와 충혼탑, 보광사를 구경하고 남산공원 입구로 내려왔다. 공원 입구의 녹차밭에서는 하얀 녹차꽃이 만개해 있었다. 오랜만에 보는 꽃이라 열심히 사진에 담았다.

충혼탑

녹차꽃

남산공원 입구

대독누리길

12시에 고성읍에서 중식으로 점심식사를 했다. 배가 고파서 그런지 오늘따라 짜장면이 유난히 맛있었다. 고성군 보건소 앞 대안1교에서 대독천 둑길을 따라 걸었다. 고성읍 수남리 수남유수지 생태공원에서 갈모봉 입구까지의 6km 구간을 대독누리길로 조성해 놓았다. 대독누리길에는 대곡교, 잠수교1, 대안1교, 잠수교2, 대독교, 세월교, 독곡교, 면전교, 황불암교, 우실교 등 10개의 다리가 있어 걷는 내내 풍경이 새로웠다.

가을바람에 일렁이는 은빛 억새밭과 갈대밭 풍경을 즐기며 대독교를 지났다. 날씨가 맑고 기온이 쾌적해 걷는 내내 기분이 상쾌했다. 정말로 몸과 마음이 힐링되었다. 세월교와 독곡교를 지나면서 공룡 화석

대독교

세월교

은목서와 억새

도 감상하고 면전교를 지나는 동안 바닥에 공룡 발자국 문양으로 거리를 표시해 둔 것을 보며 재미도 느꼈다. 길옆 무화과 농장에서는 무화과가 주렁주렁 달려 있었는데 이 또한 보기 드문 풍경이었다.

황불암교를 건너 메타세쿼이아와 은목서로 조성된 가로수길을 걸었다. 늦가을 낙엽 진 메타세쿼이아와 은목서의 하얀 꽃이 은빛 억새와 어우러져 환상적인 풍경을 연출했다.

우실교 교차로를 건너 이곡마을에 도착해 봉은암을 지나고 이당6길을 따라 고개를 넘어 부포사거리에 도착했다. 코스 안내판에서 인증사진을 찍고 고성 택시를 이용해 원산리 바다휴게소로 돌아왔다. 고성읍의 '계림 새우나라'에서 새우튀김과 사천 깐풍새우로 저녁식사를 하였는데 새우의 부드러움과 탱글탱글한 식감이 일품이었다.

새우튀김과 깐풍새우

NAMPARANG
ROUTE
32

부포사거리 → 임포항

고성 학동마을 탐방, 전주 최씨 집성촌의 역사와 문화를 찾아서

 거리(km)
14.8

 시간(시, 분)
5:20

 도보여행일: 2021년 11월 20일

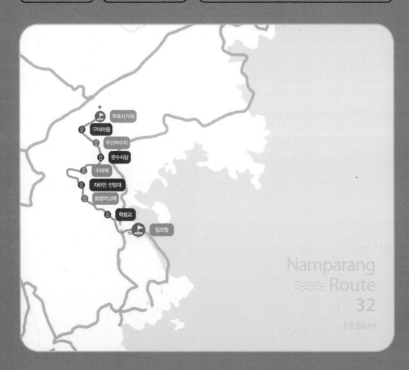

부포사거리
구미마을
무선저수지
문수식당
수태재
자란만 전망대
최영덕고택
학림교
임포항

Namparang
≈≈≈ Route
32
14.8km

★ 꼭 들러야 할 필수 코스!

고성 & 통영구간

1.5k 0:40	0.9k 0:20	
부포사거리	구미마을	무선저수지

3.1k
1:00

1.5k 0:30	3.0k 1:00	
자란만 전망대	수태재	문수식당

2.6k
1:10

1.3K 0:20	0.9k 0:20	★
최영덕고택	학림교	임포항

남파랑길 32코스 (부포사거리~임포항)

고성 학동마을 탐방, 전주 최씨 집성촌의 역사와 문화를 찾아서

학동마을 옛돌담장

임포횟집에서 삼식이 매운탕으로 아침식사를 한 후 자동차를 주차하고 택시로 부포사거리에 도착해 트레킹을 시작했다. 상쾌한 아침 공기를 마시며 메타세쿼이아가 하늘로 쭉쭉 뻗은 상정대로를 걸어 구미마을, 선동마을을 지나 무선교를 건너 무선저수지에 도착했다. 사계국

상정대로

무선저수지

화가 지천으로 피어 있고 저수지 주변의 단풍나무가 곱게 물들어 있었다. 저수지를 둘러본 후 문수암 삼거리의 보현식당에 도착했다.

수태산임도

오른쪽으로 가면 문수암, 왼쪽으로 가면 보현암 약사전, 직진하면 수태재로 가는 삼거리에서 무이산, 수태산, 향로봉 등산 안내도를 살펴본 뒤 직진 방향으로 산판도로를 한 시간가량 내려가 수태재에 도착했다. 늦가을 단풍을 감상하며 잘 정비된 임도를 따라 30분가량 더 내려가서 자란만 전망대에 도착했는데 자란만과 자란도가 한눈에 들어왔다.

자란만은 경상남도 고성군 하일면 다랑말과 삼포면 두포리 포교말을 연결한 선내에 있는 해역으로 유인도인 자란도와 무인도인 늑도, 송도, 만호도, 마안도 등이 있다. 자란도는 붉은 난초가 많이 자생하여 붉

수태재

자란만 전망대

마삭줄숲길

대나무숲

은 난초섬이라고도 하며 섬의 형태가 봉황이 알을 품고 있는 형상이라고도 한다.

자란만 전망대를 지나 임도를 따라 걷다가 학동저수지로 내려가는 왼쪽의 가파른 급경사길로 접어들었다. 등산로가 온통 마삭줄로 뒤덮여 마

학동저수지

치 제주도의 곶자왈을 걷는 듯한 느낌이었다. 전주 최씨 묘원과 대나무 숲길을 지나서 학동저수지 아래 학림천을 건너 학동마을에 도착했다.

최영덕 고택

전주 최씨 집성촌인 학동마을에 들어서니 마을 입구에 노랗게 물든 느티나무가 우뚝 서 있는 쉼터와 납작한 돌과 황토를 발라 층층이 쌓아 올린 옛 담장과 멋스러운 한옥들이 펼쳐졌다. 학동마을 옛 담장은 고성군 하일면 학림리 학동마을에 있는 돌담으로 인근 수태산에서 채취한 전판암을 사용해 쌓은 것으로 2006년 국가등록문화재 제258호로 지정되었다.

성화원 고송

전주 최씨 문중 종택(민속문화재 제22호)과 최영덕 고택을 둘러보고 학동마을회관을 지나 성화원을 둘러보았다. 낙락장송이 인상적이었다.

하일초등학교와 고성음악고등학교를 지나 학림교를 건너 임포마을로 접어들었다. 추수가 끝나 볏짚 뭉치를 곳곳에 쌓아놓았다. 임포항에 도착해서 저녁노을에 비친 솔섬과 좌이산 풍경을 감상했다.

임포마을

임포항

'임포횟집'에서 고성 9미 중 하나인 하모샤브샤브로 저녁식사를 했다. 하모는 갯장어를 가리키는 일본어다. 끓는 물에 살짝 데쳐 각종 채소와 함께 먹는 하모샤브샤브와 하모회는 살이 단단하고 담백해 그 맛이 일품이었다. 하모샤브샤브는 더욱 고품격의 맛이었고 마지막에 시래기를 듬뿍 넣고 끓인 갯장어탕은 마치 보약을 한 그릇 먹는 기분이었다.

하모회

임포항 → 하이면사무소

상족암둘레길을 걸으며 공룡의 흔적, 발자국 화석을 찾아서

 거리(km)
19.9

 시간(시, 분)
7:20

 도보여행일: 2021년 11월 21일

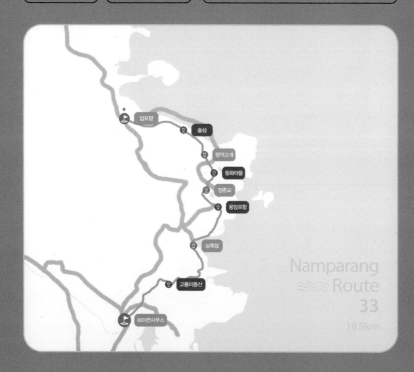

★ 꼭 들러야 할 필수 코스!

고성 & 통영구간

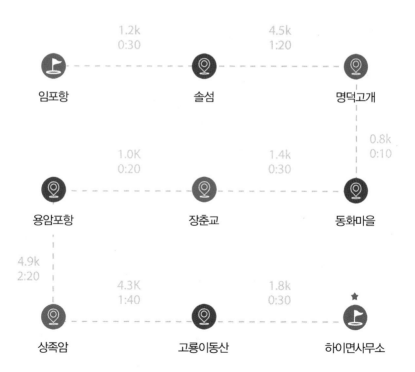

	1.2k 0:30		4.5k 1:20	
임포항		솔섬		명덕고개

0.8k 0:10

	1.0K 0:20		1.4k 0:30	
용암포항		장춘교		동화마을

4.9k 2:20

	4.3K 1:40		1.8k 0:30	★
상족암		고룡이동산		하이면사무소

남파랑길 33코스 (임포항~하이면사무소)

상족암둘레길을 걸으며 공룡의 흔적, 발자국 화석을 찾아서

상족암군립공원

상족암군립공원

임포항

임포항을 출발하여 자란도와 솔섬 등 햇살이 깃든 남해의 아름다운 풍경을 감상하며 임포교를 건너 자란만로를 따라 걸었다. 마을 텃밭에서는 자줏빛 제비콩과 커다란 작두콩이 풍성하게 열리고 비파나무꽃도 예쁘게 피어 있었다.

솔섬에 도착해 해안산책로를 따라 섬을 한 바퀴 돌며 방파제에서 해안 풍경과 좌이산 전경을 감상했다. 자란만로를 걸어가며 바라본 솔섬과 남해바다 위의 크고 작은 섬들이 파노라마처럼 펼쳐진 경치가 환상적이었다.

자란만로에서 바라본 솔섬

　　송천2구 마을회관에 도착하니 큰 은행나무에 은행이 주렁주렁 달려 있고 잎도 노랗게 물들어 있었다. 돌담 위에서 큰 고양이가 우리를 반갑게 맞아주었다. 춘암마을을 지나며 해안 풍경을 감상하고 잘 정비된 자란만로를 따라 걷다가 어느 어촌마을에 도착했다. 아주머니들이 비닐하우스에서 생굴을 채취하고 있었는데, 겨울이 제철인 굴이 크기도 크고 탱글탱글했다.

　　굴은 7월 무렵 통영 앞바다에서 자연산 굴 유생이 발생한다고 한다. 홍가리비 껍데기를 실로 꿰어 만든 것을 6개월 정도 담가두면 이 자연산 굴 유생이

홍가리비 껍데기

붙어서 굴종패로 자라는데, 바지선으로 다시 건져 올려 고성 앞바다의 굴 양식장에서 키운 다음 겨울에 채취해 생굴로 생산한다고 한다.

동광수산과 부경대학교 수산과학기술센터를 지나 명덕고개에 도착했다. 좌이산 등산 안내도가 있는 정자에서 잠시 쉬었다가 고개를 넘어가는 길에 참다래 농장에서 참다래가 주렁주렁 탐스럽게 달린 것을 감상했다. 참다래는 고성의 특산품 중 하나다. 동화마을 입구에 설치된 봉수대 조형물을 감상하고 조선시대 왜구의 침입을 방지하기 위해 설치된 소을비포성지를 둘러보았다. 동화어촌체험마을에서는 개막이체험, 바지락캐기체험, 갯벌생태체험, 야간횃불체험 등 다양한 체험활동도 가능했다. 해안을 배경으로 기념사진도 찍었다.

동화마을

춘암마을

맥전포항

　　춘암마을에 도착하니 커다란 느티나무가 한그루 있다. 장춘교를 건너고 용암포항을 지나 맥전포항에 도착하니 멸치잡이 배들이 빼곡히 정박해 있었다.

　　맥전포항에서 입암병풍바위를 거쳐 입암항까지의 해안데크길은 보수공사로 인해 출입이 통제되어 있었다. 우회로로 입암항에 도착해 방파제에서 상족암군립공원 일대의 해안데크길을 감상했다.

　　상족암군립공원은 중생대 백악기에 살았던 공룡의 발자국이 발견된 곳으로 브라질, 캐나다

공룡화석지 해변길

해안데크길에서 바라본 병풍바위

공룡발자국 화석

와 함께 세계 3대 공룡유적지 중
하나로 1999년에 '고성 덕명리 공
룡발자국과 새발자국 화석산지'
가 천연기념물 제411호로 지정되
었다. 공룡조형물에서 기념사진을
찍고 해안데크길을 따라가며 초식
공룡 용각류 및 조각류 공룡발자국화석, 암맥, 공란 구조, 연흔 구조 등
다양한 지질 현상을 구경했다.

상족암 해변길

　상족암 몽돌해변에서는 피서객들과 어울려 아기자기한 몽돌탑을 쌓
아보기도 했다. 경상남도 고성군 하이면 덕명리 해안에 있는 상족암은
파도에 깎인 해안지형이 육지 쪽으로 들어가면서 해식애가 형성되었는
데 그 모습이 밥상다리처럼 생겼다고 하여 상족암이라고 한다. 1983년
11월 10일에 군립공원으로 지정되었다. 상족암 바닷가에는 1982년에
발견된 너비 24cm, 길이 32cm의 작은 물웅덩이 250여 개가 연이어 있었
는데 이 물웅덩이가 공룡 발자국이라고 한다.

상족암

고룡이동산

하이면 마을

    상족암을 둘러본 후 공룡박물관을 거쳐 덕명마을로 내려왔다. 섭밭재와 정곡마을을 지나 정곡교에 도착하여 고룡이동산에서 테리지노사우루스와 알라모사우루스 공룡조형물을 만났다. 사곡천을 따라 걸으며 와룡산 자락과 하이면 마을 풍경을 감상하며 하이면사무소에 도착했다.

    사천읍의 '섬횟집'에서 저녁식사를 했다. 감성돔과 참돔, 돌멍게, 생굴, 문어숙회, 오징어숙회, 전복회, 가리비, 왕새우, 볼락구이, 새우튀김 등으로 거창하게 한 상 차려 먹고, 고성 트레킹을 마감했다.

NAMPARANG
ROUTE
34

하이면사무소 → 삼천포대교 사거리

삼천포항과 노산공원을 지나며 삼천포 수산시장의 신선함을 맛보고

🚶 거리(km) 11.2	🕐 시간(시. 분) 4:00	📅 도보여행일: 2021년 12월 04일

★ 꼭 들러야 할 필수 코스!

사천 & 남해 & 하동구간

3.0k
0:50

2.0k
1:00

하이면사무소

남일대
해수욕장

진널전망대

1.0k
0:30

2.7K
0:50

2.5k
0:50

★

삼천포대교
사거리

노산공원

삼천포신항
여객터미널

남파랑길 34코스 (하이면사무소~삼천포대교 사거리)
삼천포항과 노산공원을 지나며 삼천포 수산시장의 신선함을 맛보고

삼천포항

경남 사천 와룡산 입구에 있는 '와룡산 두부마을'에서 두부전골로 아침식사를 했다. 아침 7시의 이른 시간임에도 식사가 가능했고 음식 맛도 좋았다. 당분간 이 집을 이용하기로 마음먹었다. 하이면사무소에

와룡산

주차하고 남일로를 따라 걸었다.
덕호교를 건너 와룡산과 삽재마
을의 늦가을 풍경을 감상하며 남
일대해수욕장에 도착했다.

남일대해수욕장

사천에는 삼천포대교, 실안낙
조, 남일대 코끼리바위, 선진리성
벚꽃, 와룡산 철쭉, 봉명산 다솔사, 사천읍성 명월 등 사천 8경이 있다.
모두 다 둘러보았으면 좋겠지만 코스를 따라 구경하고 나머지는 다음
에 천천히 찾아보기로 했다.

남일대해수욕장에 도착해서 코끼리바위와 저 멀리 삼천포 화력발전
소의 풍경을 감상하며 진널 해안산책로를 걸었다. 액자 포토존에서 코
끼리바위를 배경으로 인증사진도 찍고 신항마을의 풍경을 감상하며 걸
어가는데, 줄에 널어놓은 물메기가 인상적이었다.

삼천포 코끼리바위

물메기

팔포 십년다리

진널전망대로 올라갔다. 전망대에서 바라보는 푸른 하늘과 쪽빛 바다가 어우러진 삼천포 신항의 풍경이 한 폭의 그림 같았다. 공원을 내려오는 도로 양쪽으로 동백꽃이 만발했다.

팔포 십년다리 위에서 '10년이 젊어진다는 거울' 앞에 서서 나 자신을 비춰보았다. 키와 몸의 형태는 길고 날씬했지만, 얼굴은 여전히 쭈글쭈글했다. "10년이 젊어지면 어쩌라고? 지금이 딱 좋은데!" 괜히 허세를 부려봤다.

삼천포 신항을 감상하고 팔포 음식특화지구를 지나 팔포항에 도착했다. 팔포항에는 많은 횟집들이 있는데 옛날에 자주 갔던 횟집도 아직 있었다.

2001년 12월 25일 대전~진주 간 고속도로가 개통되었다. 대전에서 대천 등 서해안으로 회를 먹으러 가다가 대진고속도로가 개통되면서 삼천포항으로 방향을 돌렸다. 덕분에 팔포항 주변의 횟집들을 많이 찾았고 밀포드모텔도 단골로 이용했었다.

팔포 방파제의 하트 포토존에서 등대를 배경으로 인증샷을 찍고 해안데크산책로를 따라 삼천포 아가씨상과 물고기상, 삼천포 화력발전소

진널해벽

팔포항 팔포등대

팔포항 물고기상

노상공원 동백꽃

용궁수산시장

등의 사천 앞바다 풍경을 구경하며 노산공원으로 올라갔다. 삼천포를 대표하는 시인 박재삼 문학관과 동백꽃이 흐드러지게 핀 동백동산을 내려와 용궁수산시장, 삼천포 전통수산시장을 구경했다. 활어시장과 건어물 시장에는 생선들이 풍성했고 가자미, 병어 등 햇볕에 생선을 말리는 풍경이 생동적이었다.

신수도 차도 선착장

삼천포항의 경치를 감상하며 신수도 차도 선착장을 지나 대방진굴항에 도착했다. 대방진굴항은 이순신 장군이 왜구의 노략질을 막기 위해 설치한 군항이다.

대방진굴항

삼천포대교 사거리에 도착해서 일정을 마감하고 팔포항에서 밀치회로 저녁식사를 한 다음 밀포드모텔에 투숙했다.

NAMPARANG
ROUTE
35

삼천포대교 사거리 → 대방교차로

각산전망대에서 한려해상의 전경을 감상하고 사천바다케이블카로 하늘여행

 거리(km)
13.0

 시간(시 분)
5:10

도보여행일: 2021년 12월 05일

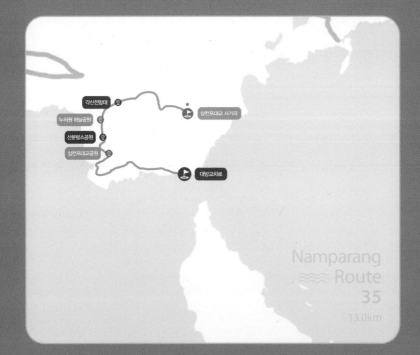

각산전망대
누리원 하늘공원
산분령소공원
삼천포대교공원
삼천포대교 사거리
대방교차로

Namparang
Route
35
13.0km

★ 꼭 들러야 할 필수 코스!

사천 & 남해 & 하동구간

| | 2.5k 1:30 | | 5.6k 2:00 | |
| 삼천포대교 사거리 | | 각산전망대 | | 누리원 하늘공원 |

1.4k 0:30

| | 0.5K 0:10 | | 3.0k 1:00 | |
| 대방교차로 | | 삼천포대교공원 | | 산분령소공원 |

남파랑길 35코스 (삼천포대교 사거리~대방교차로)

각산전망대에서 한려해상의 전경을 감상하고 사천바다케이블카로 하늘여행

각산전망대에서 바라본 남해

사천바다케이블카 주차장에 주차한 후 곱게 물든 단풍길을 따라 대방사로 올라갔다. 대방사 오름길에서 내려다본 사천항의 풍경이 매우 아름다웠다. 대방사에서 미륵반가사유상과 동굴법당 등 사찰 경내를 둘

대방사 동굴법당

각산 산성

러본 후 대나무 숲길을 지나 실안 낙조를 감상할 수 있는 실안 노을길로 접어들어 각산 산성으로 올라갔다.

하트포토존

각산 산성 정자에서 잠시 쉬었다가 사천바다케이블카 각산 정류장에 도착했다. 국내 최초로 바다와 산을 동시에 운행하는 이 케이블카는 길이가 2.43km로 탑승 시간은 약 30분이었다. 대방 정류장에서 탑승하여 각산 정류장에 도착한 다음 각산 정상과 각산전망대에서 사천 바다의 아름다운 풍광을 조망했다. 초양

각산전망대 안내도

도까지 케이블카로 이동하며 사천 바다 풍광을 감상하고 초양정류장에서 하차하여 아쿠아룸과 초양도 일대를 둘러본 후 대방 정류장으로 되돌아왔다. 각산 정류장에서 계단데크를 올라 하트 포토존에서 기념사진을 찍고 각산 정상(해발 408m)에서 각산 봉수대와 사방의 경치를 감상했다.

각산전망대에서 바라본 풍경은 모개도, 초양도, 늑도, 창선도를 연결하는 삼천포대교와 창선교 등 연륙교가 아름다웠다. 연륙교를 중심으로

왼쪽에는 사량도, 노산공원, 신수도, 사천항이, 오른쪽에는 신섬, 마도, 망운산, 금오산, 멀리 지리산까지 한눈에 들어왔다. 한려해상의 아름다운 자연경관에 감탄사가 저절로 나왔다.

각산전망대

각산 봉수대   와룡산

하산길에 각산 봉수대에서 방호벽, 봉수군 막사, 창고 등을 둘러보고 송전탑과 산불 감시초소를 지나 임도를 따라 누리원 하늘공원 방향으로 내려왔다. 도중의 조망처에서 와룡산을 바라보니 천왕봉, 새섬봉, 민재봉으로 이어지는 장쾌한 능선과 사천시 일대가 장관이었다.

와룡산 민재봉 북서쪽 기슭에 있는 백천사는 신라 시대에 창건된 사찰로 임진왜란 때는 승군의 주둔지였다. 약사 와불전과 우보살로 유명한 이곳에는 세계 최대 규모의 길이 13m, 높이 4m의 목조 와불이 모셔져 있고 이 와불 몸속에는 또 다른 작은 법당이 있다. 우보살은 소가 입으로 목탁 소리를 내는데 인간의 우매함과 탐욕이 어떠한지를 보여주었다. 당시 우보살은 코로나로 인해 격리 중이었다.

백천사 경내에는 금종, 대웅전, 포대화상, 우보살, 황금대불상, 약사 와불전, 소원 기원탑, 오방불 무량수 공덕전, 삼신할미상, 산령각, 만덕전, 납골탑 등이 있었다. 만덕전은 납골당으로 4층 건물 맨 꼭대기에는

백천사 만덕전의 '나만 바라봐 불상'

대형 불상이 있었는데 각 층마다 불상들로 가득 차 있어 그 규모에 감탄했다. 2층에는 '나만 바라봐 불상'을 중심으로 사방으로 불상군이 형성되어 있었다.

백천사 경내가 온통 납골탑과 납골 시설로 되어 있어 사찰인지 납골당인지 구별하기 어려웠다. 극락세계가 죽어야만 갈 수 있는 곳인지, 살아서는 갈 수 없는 곳인지 궁금했다.

12시 30분경, 누리원 하늘공원 자연장지에 도착했다. 점심식사를 하려다가 왠지 마음이 찝찝하여 누리원 화장장을 지나 산분령 소공원으

누리원 하늘공원 자연장지

로 내려왔다. 누리원 하늘공원 자연장지를 통과하는데 영복마을 축사에
서 심한 악취가 올라와 기분이 매우 불쾌했다. 이 코스는 하루빨리 수정
되었으면 좋겠다는 생각이 들었다.

　산분령항의 송포마을에서 마을 앞바다에서 낚시하는 풍경을 감상하
고 실안 노을길을 따라 걸으며 저도, 마도, 죽방렴(좁은 바다 물목에 대
나무로 만든 그물을 세워 물고기를 잡는 전통 고기잡이 방식)을 구경했
다. 실안 어촌계 굴 · 바지락 양식장에서 어촌 아낙네들이 옹기종기 모
여 앉아 조개를 캐는 모습도 구경했다.

송포마을

죽방렴

　세계문화콘텐츠 상설공연장, 서커스월드를 지나 실안 노을길을 따라 걷다가 선창마을에서 멸치 분야 신지식인 강종용 댁에서 죽방멸치를 구입했다. 50년 경력의 멸치박사 신지식인 강종용 씨는 2003년 죽방멸치 분야 신지식인으로 선정되었고, 님이 생산한 죽방멸치는 남해지역 최고급 멸치로 100% 국내산이라고 한다. 가격은 비교적 비쌌지만, 맛은 일품이었다.

　노을길의 해상 보행교에서 아름다운 삼천포대교와 사천바다케이블카를 감상하며 삼천포대교 공원 주차장에 도착하여 이번 코스를 마감하고 귀가했다.

선창마을

삼천포대교 공원에서 바라본 사천바다케이블카

NAMPARANG
ROUTE
36

대방교차로 → 창선파출소

삼천포대교와 연륙교를 건너서 단항마을의 왕후박나무를 감상하고

거리(km)	시간(시, 분)	도보여행일: 2022년 01월 15일
17.8	5:40	

대방교차로

창선대교

왕후박나무

경모제

윤대암

창선파출소

Namparang
Route
36
17.8km

★ 꼭 들러야 할 필수 코스!

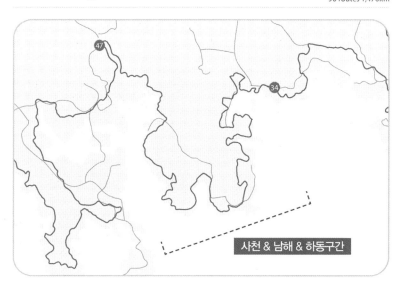

사천 & 남해 & 하동구간

| 대방교차로 | 2.4k 0:50 | 창선대교 | 2.6k 0:50 | 왕후박나무 |

8.4k 2:30

| 창선파출소 | 2.6K 0:40 | 운대암 | 1.8k 0:50 | 경모제 |

남파랑길 36코스 (대방교차로~창선파출소)
삼천포대교와 연륙교를 건너서 단항마을의 왕후박나무를 감상하고

초양도

2022년 들어 처음으로 트레킹을 시작하는 날이다. '와룡산 두부마을'에서 아침식사를 하고 삼천포대교 공원 주차장에 주차했다.

연륙교(連陸橋)란 '육지와 섬을 연결하는 다리'를 말한다. 삼천포 연륙교는 삼천포대교, 초양대교, 늑도대교, 창선대교 네 개의 다리로 구성되어 있으며 삼천포, 모개도, 초양도, 늑도, 창선도를 연결한다.

1월이라 아침 공기가 제법 쌀쌀했지만, 다행히 강풍은 불지 않았다. 삼천포대교 공원을 출발하여 대방교차로를 거쳐 삼천포대교로 진입했다. 사천 앞바다의 풍경을 감상하며 걷는 기분이 마치 하늘을 날아갈 것 같았다. 아치 모양의 초양대교와 초양도가 한눈에 들어오고 각산과 바다 케이블카의 경치가 환상이었다. 사천항의 풍광도 아름다웠다.

삼천포대교

초양대교

초양대교를 건너면서 초양도와 신섬, 마도, 저도, 금오산 등의 해양 경관을 감상했다. 초양휴게소를 지나 늑도대교 위에서 초양마을 풍경과 늑도항 풍경을 감상했다.

초양대교에서 바라본 금오산

늑도항

창선대교

남해바래길

　　창선대교를 건너 창선치안센터에서 우측 숲속길로 접어들었다. 남해바래길의 동대만길을 따라 단항마을회관에 도착했다.

왕후박나무

　　단항마을에서 천연기념물 제299호로 지정된 수령 500년의 왕후박나무를 만났다. 높이가 9.5m, 나뭇가지가 밑둥에서 11개로 갈라진 거대한 왕후박나무는 임진왜란 때 이순신 장군이 이 나무 아래에서 쉬었다고 해서 '이순신 나무'로도 불렸다.

　　왕후박나무를 둘러본 후 연태산 임도를 따라 편백나무 숲길을 걸으며 남해바다 건너 금오산 풍경을 감상했다. 오후 1시경에 당항마을의 남해유자빵 카페에 도착했다.

연태산 임도에서 바라본 금오산

　'박영수 짜장'에서 점심식사를 하고 속금산 임도를 향해 올라갔다. 골짜안골의 편백황토한옥펜션 뒤로 벌집처럼 조성된 아파트단지가 인상적이었다. 소나무와 편백나무숲으로 조성된 속금산 임도를 걸으며 경

골짜안골 아파트단지

운대암 입구

모제를 지나 산도곡 고개를 넘었다. 대방산 운대암 입구에서 상신리 방향으로 내려갔다. 소원을 빌면 바로 들어준다는 사찰인 운대암을 참배하려고 하였으나 시간이 없어서 그냥 지나쳤다.

저녁노을에 물든 상신마을 풍경을 감상하며 창선파출소에 도착하여 일정을 마감했다. 택시로 삼천포대교 공원 주차장에 도착한 다음 옛 추억을 되살려 삼천포항의 노산공원 부근의 '제주할망횟집'을 찾아갔는데, 주인도 바뀌었고 세월이 많이 흘렀음을 느꼈다.

상신마을

창선마을

창선파출소 → 적량 버스정류장

가인리 고사리밭의 이국적인 풍경 속에서 자연의 여유를 만끽하며

 거리(km)
17.0

 시간(시, 분)
5:40

도보여행일: 2022년 01월 16일

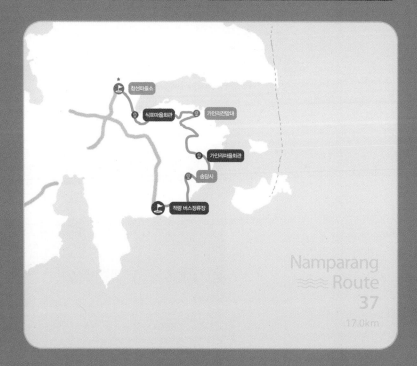

창선파출소
식포마을회관
가인리전망대
가인리마을회관
송담사
적량 버스정류장

Namparang
≋ Route
37
17.0km

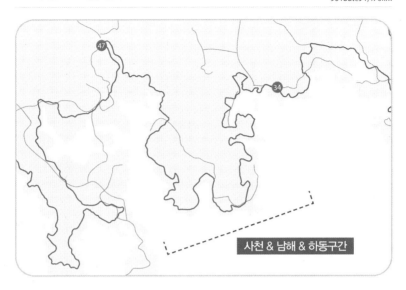

사천 & 남해 & 하동구간

5.3k
1:40

2.2k
0:50

창선파출소

식포마을
회관

가인리전망대

3.2k
1:20

2.5K
0:40

3.8k
1:10

적량 버스
정류장

송담사

가인리마을
회관

남파랑길 37코스 (창선파출소~적량 버스정류장)

가인리 고사리밭의 이국적인 풍경 속에서 자연의 여유를 만끽하며

식포~가인 고사리길

    창선면사무소 앞의 창선중학교에 주차하고 창선면의 '남양돼지국밥'에서 소머리국밥으로 아침식사를 했다. 어제 미리 예약해서 아저씨

동대만 방조제에서 본 갈대숲

동대만 방조제

가 이른 새벽부터 정성껏 준비해 주셨다. 대부분 아주머니가 요리를 하지만 이 식당은 아저씨 혼자서 준비해 주셨다. 따끈하고 시원한 국물 맛이 아침에 얼었던 몸을 스르르 녹여주었다. 아저씨의 노고에 대단히 감사했다.

창선파출소에서 정면으로 도로를 건너 미용실 오른쪽 골목길로 들어서서 창선로를 따라 걷다가 창선의원에서 좌회전하여 당저교 밑에서 동부대로를 따라 걸었다. 남해군 승마장과 동대만간역을 지나 동대만 방조제 둑길에 도착했다. 동대만 방조제 둑길을 걸으며 바라본 아침햇살과 어우러진 갈대밭과 창선 읍내의 모습이 환상적이었다. 탁 트인 동대만과 속금산의 풍광도 장관이었다.

공사가 한창인 지역을 지나 오용방조제 끝에 있는 개인주택 마당

식포 고사리밭 길

식포마을

식포 고사리밭 길

식포-가인 고사리길

을 가로질러 동대만 해안로로 접어들었다. 이 길을 허락해 준 집주인에게 감사하며 식포 고사리밭 길로 올라갔다. 사방이 온통 고사리밭이었다. 여봉산 자락의 식포~가인 마을 구간은 고사리 채취 기간인 3월에서 6월 사이에는 사전에 예약해야 탐방이 가능하다는 안내판이 세워져 있었다.

　남해군 창선면 가인리의 식포, 연포, 고두, 대곡마을 일대의 고사리밭은 우리나라 최대의 고사리 산지로 약 20년 전에 과수원의 과일나무를 모두 뽑아내고 고사리를 심어 재배하기 시작했다고 한다. 우리나라 고사리 생산량의 약 40%를 차지하며 창선면의 큰 소득원이 되고 있다고 한다.

가인리 마을 구릉지대의 고사리밭과 저 멀리 삼천포대교 주변 풍광이 어울려 만들어내는 이국적인 정취가 환상적이었다. 식포 마을회관을 지나 다시 고사리밭 길을 걸어서 정상에 도착하여 조성 중인 전망대에서 사방을 감상했다. 고사리밭의 규모에 놀랐고 풍광에 넋을 잃었다.

식포-가인 고사리길을 걸어가며 사방 풍경을 감상하고 가인 고사리밭 전망대에 도착하여 전망대 주변을 한 바퀴 돌면서 해안 경치를 감상

가인 고사리밭 전망대

했다. 이곳은 차량으로도 진입이 가능하여 다음에 날을 잡아 별도로 방문하면 좋겠다고 생각했다.

　가인 고사리밭 조망처로 되돌아와서 잠시 쉬었다. 고두마을과 연포마을을 내려다보며 가인 고사리밭 길을 내려와 가인마을회관을 지나 해안도로인 홍선로에 도착했다. 맞은편에 세심사와 가인리 공룡 발자국 화석 산지가 보이는데 방향이 반대쪽이라서 오늘은 생략하고 천포마을로 향했다.

가인 고사리밭 전망대

가인 고사리밭 조망처

가인 고사리밭 길

가인리 세심사

해안도로에서 바라본 삼천포항과 와룡산

　　해안도로를 따라 걸으면서 삼천포대교, 삼천포화력발전소, 사천항을 감상하며 천포마을을 지나 국사봉 산길로 접어들었다. 도중에 대한불교조계종의 송암사도 구경하고 남해

적량마을

바래길 고사리밭 길을 걸어 적량마을에 도착했다. 저녁노을에 비친 사량도 지리산, 남해안의 풍경을 감상하며 적량항에 도착하여 일정을 마감했다. 예약한 창선도의 바다횟집에서 저녁식사를 하고 대전으로 귀가했다.

NAMPARANG
ROUTE
38

적량 버스정류장 → 지족리 하나로마트

창선 추섬공원의 자연미와 창선교를 건너 남해의 비경 속으로

거리(km)
12.0

시간(시, 분)
4:10

도보여행일: 2022년 03월 05일

Namparang
Route
38
12.0km

★ 꼭 들러야 할 필수 코스!

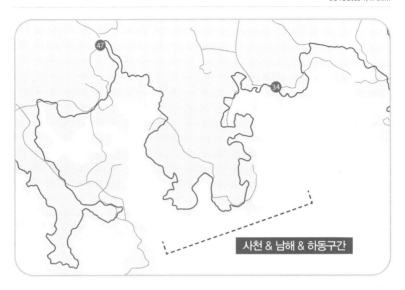

사천 & 남해 & 하동구간

2.6k
0:50

2.2k
0:40

적량 버스
정류장

장포회관

보현사

3.7k
1:20

2.5K
0:50

1.0k
0:30

지족리
하나로마트

당저2리회관

추섬공원

남파랑길 38코스 (적량 버스정류장~지족리 하나로마트)
창선 추섬공원의 자연미와 창선교를 건너 남해의 비경 속으로

창선교에서 바라본 죽방렴

남파랑길을 시작한 지 벌써 만 1년이 지났다. 2021년 3월 6일, 오륙도해맞이공원에서 출발하여 2022년 3월 5일인 오늘 남해에 첫발을 디뎠다.

2021년 12월 13일, 병선이는 충북 오송의 질병관리청 국립감염병연구소에서 광주광역시 서구의 호남권 질병대응센터로 근무지를 옮겼다. 그래서 대전과 광주에서 각각 차를 운전하여 현지에서 만났다.

남해바래길은 바래오시다길, 비자림해풍길, 동대만길 등 16개의 다채로운 코스로 이루어져 있다. 이번 여정은 제5코스인 말발굽길이다. 고려시대 군마를 사육하던 군사 요충지인 적량마을에서 출발해 대곡마을회관을 지나 장포마을에 도착했다. 아름다운 장포항을 따라 좁은 마을 골목길을 지나며 남방봉 임도로 접어들었다.

적량마을 전경

흥선로에서 바라본 사량도 지리산

장포항

보현사의 말발굽길 안내판　　　부윤리

　　고사리밭 사이로 난 임도를 따라 걷다가 보현사에 도착해서 사찰경
내를 둘러본 다음, 송림이 울창한 산판도로를 따라 걸으며 부윤마을 우
사를 지나 부윤2리 마을로 내려왔다.

　　방파제 둑길을 지나 남북으로 600m 정도 길게 뻗어있는 추섬공원
을 한 바퀴 둘러본 다음 당저2리 회관에 도착했다.

부윤리항　　　　　　　　　　　추섬공원

추섬공원

해창마을

창선교

　지족해협의 풍광을 감상하며 인도가 없는 동부대로 갓길을 조심스
럽게 걸어서 창선교에 도착했다. 지난번에 맛있게 먹은 바다횟집의 수
족관을 보니 고기가 숨을 헐떡거리고 있었다. 코로나19로 손님이 없어
어려움을 겪고 있는 현실을 느낄 수 있었다.

　창선도와 남해도를 잇는 창선교 위에서 원시 어업 형태인 죽방렴을
구경하고 삼동면 지족리의 해변 풍경을 감상했다. 지족마을의 '우리식
당'에서 멸치 쌈밥과 멸치회무침으로 점심식사를 했다.

창선교에서 바라본 지족리해변

우리식당의 멸치쌈밥과 멸치회무침

NAMPARANG
ROUTE
39

지족리 하나로마트 → 물건마을

지족해협의 아름다운 길을 따라 죽방렴과 물건방조어부림의 생태를 탐험하며

거리(km)	시간(시, 분)	도보여행일: 2022년 03월 05일
9.5	3:30	

지족리 하나로마트

진도교

남해청소년수련원

금천교

동천마을회관

물건마을

Namparang
Route
39
9.5km

★ 꼭 들러야 할 필수 코스!

사천 & 남해 & 하동구간

지족리 하나로마트 — 2.4k 0:50 — 전도교 — 1.4k 0:30 — 남해청소년 수련원

남해청소년 수련원 — 1.8k 0:40 — 금천교

물건마을 — 2.3K 1:00 — 동천마을회관 — 1.6k 0:30 — 금천교

남파랑길 39코스 (지족리 하나로마트~물건마을)

지족해협의 아름다운 길을 따라 죽방렴과 물건방조어부림의 생태를 탐험하며

전도갯벌

죽방렴

점심식사를 마친 후 지족해협 쪽으로 내려갔다. 이번 코스는 남해바래길 6코스인 '죽방멸치길'이다. 지족해협을 따라 죽방렴을 관람하며 걷는 길로 데크길을 따라 죽방렴 관람대에 도착해 각종 설비를 구경하며 설명판을 읽어보았다.

2010년 '명승'으로 지정된 남해 지족해협 죽방렴은 거센 물살을 이용한 전통어로 방식으로 '대나무 어사리'라 불린다. 좁은 바다 물목에 참나무 지지대 300여 개를 갯벌에 박고 대나무 발을 조류의 흐름에 거스르게 하여 V자로 벌려두었는데, 이를 통해 물살을 따라 들어온 물고

지족해변

기를 원형의 통에 가두어 잡는 방식이다. 5월과 7월 사이에 주로 물고기를 잡으며 삼동면과 창선면 일원에 23개소가 있다고 한다.

죽방렴에서 잡히는 물고기는 멸치, 학꽁치, 병어, 전어, 새우, 볼락, 문어 등 다양하며 특히 멸치가 주종을 이룬다. 죽방멸치는 크기에 따라 세세멸(시래기), 세멸, 중멸, 대멸, 징어리, 밴댕이(띠푸리), 까나리로 구분된다고 한다.

지족해협의 해변 길을 따라 걷다가 전도마을의 전도갯벌 체험장을 둘러보고 전도교와 남해청소년수련원을 지나 둔촌 해변에 도착했다. 둔촌마을 입구에서는 '둔촌사랑 영원히', '보석처럼'이라 새겨진 두 목장

승과 마을 표지석이 우리를 반겨주었다. 둔촌회관을 지나 둔촌갯벌체험
장에서는 많은 관광객이 장화를 신고 삼삼오오 조개를 캐는 모습을 볼
수 있었다.

둔촌갯벌

전도갯벌

화천 둑길

원예예술촌

동천마을

    화천 둑길을 따라 금천교와 동천교를 지나며 독일마을의 원예예술촌 건물을 감상했다. 밭에는 마늘 싹이 파릇파릇하게 자라고 있었다.

독일마을

삼동문화마을

독일마을 풍경을 뒤로하고 언덕을 넘어 삼동문화마을에 도착했다.
그림 같은 집들이 마치 한 폭의 그림처럼 아름다웠다. 삼동문화마을에

물건리 방조어부림

서 물건방조어부림을 내려다보며 붉은 낙조에 물든 주변 경치를 감상했다.

천연기념물 제150호인 남해 물건리 방조어부림은 17세기에 만들어진 것으로 '방조림과 동시에 어부림의 역할을 하는 숲'이다. 방조림은 바닷물이 넘치는 것을 막고 농지와 마을을 보호하기 위해 인공적으로 만든 숲이며, 어부림은 물고기가 살기에 알맞은 환경을 만들어 물고기 떼를 유인하는 숲이다.

미륵암을 둘러보고 팽나무, 푸조나무, 이팝나무, 참나무 등으로 조성된 방조어부림 데크길을 걸으며 바다의 향기를 마음껏 맡았다. 르뱅스타 독일빵집을 지나 독일마을 입구의 버스정류장에 도착해서 이번 코스를 마감했다. 버스정류장에서 바라본 물건마을과 방조어부림의 해안 풍경이 정말로 아름다웠다.

물건마을

물건마을 → 천하몽돌해변 입구

파독 광부와 간호사의 이야기가 깃든 독일마을과 남해편백숲길을 걸으며

🏃 거리(km)
19.5

🕐 시간(시, 분)
7:00

📋 도보여행일: 2022년 03월 06일

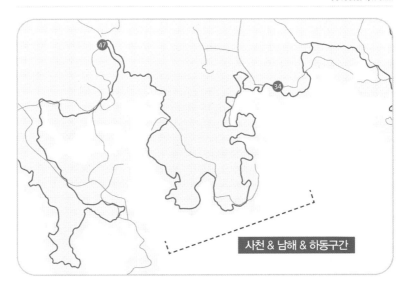

사천 & 남해 & 하동구간

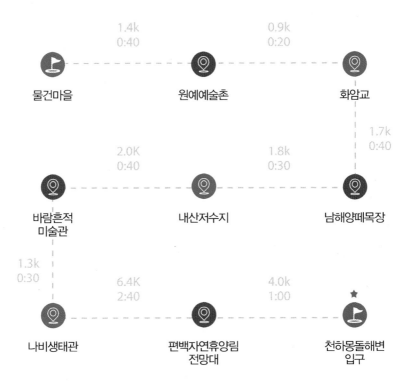

물건마을	1.4k 0:40 → 원예예술촌	0.9k 0:20 → 화암교
		1.7k 0:40
바람흔적 미술관	2.0K 0:40 ← 내산저수지	1.8k 0:30 ← 남해양떼목장
1.3k 0:30		
나비생태관	6.4K 2:40 → 편백자연휴양림 전망대	4.0k 1:00 → ★ 천하몽돌해변 입구

NAMPARANG ROUTE 40

남파랑길 40코스 (물건마을~천하몽돌해변 입구)
파독 광부와 간호사의 이야기가 깃든 독일마을과 남해편백숲길을 걸으며

독일마을

　　독일마을 부근의 햇살복집에서 아침식사를 하고 마을 입구의 버스
정류장을 출발했다. 비탈길을 오르며 마을로 접어들었다. 이번 코스는
남해바래길 7코스인 화전별곡길이다.

　　남해 독일마을은 1960년대 초 독일로 외화벌이에 나선 광부와 간호

독일마을

남해파독전시관

독일마을에서 바라본 물건마을

사들이 한국에 돌아와 정착한 마을이다. 2002년부터 택지를 분양받은 교포들이 독일에서 직접 가져온 건축 자재로 전통 독일 양식의 집들을 지었다고 한다.

독일인들로부터 '코리아 엔젤'이란 찬사를 받았던 파독 간호사들의 삶과 애환을 담아내고, 대한민국 근현대사의 한 페이지를 장식한 파독 광부들의 이야기를 들을 수 있는 남해파독전시관이 2014년에 개관되어 많은 관광객이 찾고 있다.

독일마을에는 르뱅스타 독일빵집, 독일식 수제 소세지 부어스트 퀴세, 수제맥주 브루어리 등 다양한 카페들이 있어 마치 유럽에 온 듯한 기분이었다. 아름다운 독일마을과 남해파독전시관, 원예예술촌을 둘러본 후 봉화마을 쪽으로 내려가 화암교에서 좌회전하여 화천 둑길로 걸어갔다.

화천은 하늘의 끝과 땅의 변두리를 묘사하듯 왼쪽에는 망운산, 오른쪽에는 금산이 우뚝 서 있고 그 사이로 봉내와 고내가 흐르고 있어서 아름다운 자연 풍광을 이루었다. 원예예술촌에서 내산저수지까지 이어지는 고향의 강이 흐르는 꽃내화전별곡길은 웃음별곡과 배움별곡으로 나뉘어 있었다. 그 길을 걸으며 원예예술촌, 독일마을, 해오름예술촌, 나비생태공원, 편백자연휴양림 등의 관광명소를 구경했다.

음지교를 지나 친수 문화공간인 웃음별곡(타지막골보~제림방보)에 도착해 옛 선비들의 풍류와 남해의 문화를 체험해 보았다. 남해 양떼목장 양마르뜨 언덕을 지나는데, 냇가에 버들강아지가 예쁘게 피었다. 어린 시절 배불리 따먹던 시절을 회상하며 내산교를 지나 생태학습 공간인 배움별곡(제림방보~내산저수지)으로 이동해서 갖가지 식물들을 구경했다.

화천 갯버들

남해 양떼목장

내산마을

내산저수지

바람흔적미술관

　　내산마을을 지나 내산저수지에 도착하니 마을 입구에 거대한 소나무가 한그루 마을을 지키고 있었다. 내산저수지 뒤에 있는 설치미술가 최영호 작가의 '바람흔적미술관'을 관람하고 키 큰 바람개비들이 즐비하게 세워진 주변을 둘러본 다음, 나비생태공원으로 이동했다.

나비생태관

남해 나비생태공원은 국내 최초로 조성한 나비생태공원으로 2006년 10월 24일에 개장하였으며 남해군을 상공에서 바라보면 지형이 나비모양을 닮았다고 한다. 나비생태관에는 나비의 애벌레, 번데기, 산란 과정 등 생장 과정을 주요 테마로, 제1전시관, 제2전시관, 나비 온실, 체험관, 표본관으로 구성되어 있었다.

남해편백자연휴양림 안내도

내산저수지 둑길을 걸으며 남해편백자연휴양림으로 들어섰다. 편백나무들이 울창한 숲을 이루고 있는 등산로를 피톤치드를 마음껏 마시며 6km 정도 걸어서 전망대에 도착했다. 고갯마

루에 있는 전망대에 올라서 저
멀리 남해바다를 바라보니 울창
한 숲과 어우러진 바다 풍경이
환상적이다. 울창한 편백나무숲
과 피톤치드향을 즐기면서 굽이
굽이 고부랑 임도를 내려와 천하

천하마을

마을 버스정류장에 도착하여 트레킹을 마감했다.

    택시를 이용하여 햇살복집에 도착했는데 내 자동차 타이어에 경고등
이 들어왔다. 집에까지 가려면 거리도 멀고 탑승 인원이 세 명이라서 삼
성애니카 서비스를 불러 임시 응급조치하고 조심조심 귀갓길에 올랐다.

    하동의 '하동솔잎 한우프라자'에 도착해서 한방갈비탕과 육회로 저
녁식사를 했는데, 언제 먹어봐도 내 입맛에 아주 딱 맞았다.

전망대에서 바라본 남해편백자연휴양림

NAMPARANG
ROUTE
41

천하몽돌해변 입구 → 남해바래길 안내센터

상주은모래해변의 부드러움과 두모마을해변에서 바라보는 노도의 절경

 거리(km)
17.6

 시간(시, 분)
6:00

 도보여행일: 2022년 03월 26일

천하몽돌해변 입구
금포마을회관
상주해수욕장
대량마을회관
소량마을회관
두모마을
벽련마을
신전교
남해바래길
안내센터

Namparang
≋ Route
41
17.6km

★ 꼭 들러야 할 필수 코스!

사천 & 남해 & 하동구간

천하몽돌해변 입구 — 0.2k 0:20 — 금포마을회관 — 2.8k 1:00 — 상주해수욕장

두모마을 — 1.5K 0:30 — 소량마을회관 — 1.2k 0:20 — 대량마을회관 — 4.5k 1:40 — 상주해수욕장

벽련마을 — 4.5K 1:20 — 신전교 — 0.7k 0:10 — 남해바래길 안내센터

두모마을 — 2.2k 0:40 — 벽련마을

★ 남해바래길 안내센터

남파랑길 41코스 (천하몽돌해변 입구~남해바래길 안내센터)
상주은모래해변의 부드러움과 두모마을해변에서 바라보는 노도의 절경

상주해수욕장

오늘의 트레킹 종착지인 남해바래길 탐방안내센터에 차를 주차하고 천하마을 버스정류장으로 이동하여 트레킹을 시작했다. 이번 코스는 남해바래길 9코스인 '구운몽길'이다. 이 길은 서포 김만중의 유배지였던 노도를 바라보며 걷는 길이다. 천하마을의 마늘밭에서 마늘대가 올라온 것을 보니 봄이 성큼 다가왔음을 실감했다.

천하몽돌해변

천하몽돌해변에서 몽글몽글한 자갈들이 넓게 펼쳐진 모습을 감상하며 하얗게 부서지는 파도와 몽돌 자갈이 구르는 소리를 즐겼다. 남해대로를 걷고 금포마을회관을 지나며 노란 유

금포마을

채꽃과 하얀 목련꽃이 만들어낸 아름다운 봄철 어촌풍경을 감상하며 상주해수욕장에 도착했다.

상주해수욕장에 도착했을 때 고운 모래로 이루어진 초승달 모양의 긴 백사장과 소나무 방풍림의 조화가 장관이었다. 북쪽으로는 남해 금

상주은모래해변

상주은모래해변의 약속 조형물

산과 보리암의 풍경이 더해져 아름다움을 더했다. 백사장에는 거대한 약속 조형물이 설치되어 있었는데 옥빛 바다와 어울려 매우 인상적이었다.

상주로를 따라 걸으며 지나온 상주은모래비치와 금전마을의 풍경을 뒤돌아보고 대량마을 공원묘원을 넘어 대량마을회관에 도착했다. 길가에 피어난 붉은 진달래와 노란 개나리를 감상하며 소량마을회관을 지나 두모마을로 들어섰다. 마을

대량마을

소량마을

두모마을

두모마을에서 바라본 남해 금산

뒤편으로는 남해 금산이 우뚝 서 있었다.

두모마을에서 해안가 숲길을 따라 고개를 넘어가며 남해바다를 바라보니 노도가 시야에 들어왔다. 노도는 배를 젓는 노를 많이 생산하던 섬이라 하여 노도라 불렸다고 하고, 섬의 생김새가 삿갓 모양을 닮았다고 해서 '삿갓섬'이라고도 불렸다고 한다. 조선 후기 구운몽과 사씨남정기를 쓴 서포 김만중의 유배지로도 유명했다.

벽련마을   벽련마을에서 바라본 완도

벽련마을 벽련항에서는 노도로 들어가는 도선대합실이 있었다. 벽련마을회관과 벽련교회를 지나 19번 국도인 남해대로를 따라 걸으며 앵강만휴게소를 지나 원천항에 도착했다.

앵강만은 만곡진 남해바다로 이곳의 파도 치는 소리가 꾀꼬리 소리를 닮았다고 해서 앵강만이라고 했다. 앵강만 뒤편으로 호구산이 병풍처럼 둘러서 있었다. 원천항을 지나 금평의 앵강다숲과 바닷물과 어우러진 호구산의 풍경을 감상했다.

해변 길을 걸어 신전숲에 도착한 다음 신전교를 건너 남해바래길 탐방안내센터에서 일정을 마감했다.

남해대로

호구산

NAMPARANG
ROUTE
42

남해바래길 안내센터 → 가천다랭이마을

가천해안숲길의 아름다운 해안 절경과 유채꽃 만발한 가천다랭이마을

 거리(km)
15.6

 시간(시, 분)
6:00

 도보여행일: 2022년 03월 27일

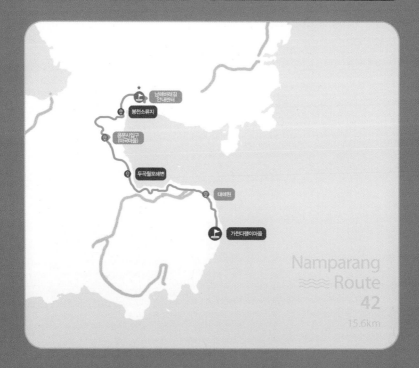

남해바래길
안내센터

봉전소류지

용문사입구
(미국마을)

두곡월포해변

대사원

가천다랭이마을

Namparang
Route
42
15.6km

★ 꼭 들러야 할 필수 코스!

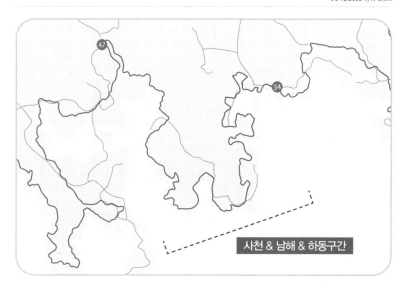

사천 & 남해 & 하동구간

	1.5k 0:30		1.7k 1:00	
남해바래길 안내센터		봉전소류지		용문사입구 (미국마을)

3.5k
1:00

	6.4K 2:30		2.5k 1:00	
★ 가천다랭이 마을		대해원		두곡월포해변

NAMPARANG
ROUTE
42

남파랑길 42코스 (남해바래길 안내센터~가천다랭이마을)
가천해안숲길의 아름다운 해안 절경과 유채꽃 만발한 가천다랭이마을

가천다랭이마을

봄에 먹는 제철 음식으로 도다리쑥국이 있다. 4월 초 부드러운 쑥을 뜯어 도다리와 함께 끓여 먹으면 향과 맛이 일품이다. 봄철 해안가에서 맛볼 수 있는 제철 음식이다. 도다리 매운탕으로 아침식사를 했다. 생선 살이 부드럽고 국물 맛이 칼칼해서 좋았다.

파도치는 소리가 앵무새 소리를 닮았다고 하여 '앵강만'이라고 불리는 앵강만 자락의 원천마을에서 남해바래길 10코스인 '앵강다숲길'을 걸었다. '바래'라는 말은 남해 사투리로 '바다에 조개를 캐거나 해조류를 채취하러 가는 행위'를 일컫는 말로 남해바래

앵강만

길은 남해의 어촌마을 사람들이 생계를 위해 갯벌로 가던 길을 말한다.

신전숲을 둘러보니 솜털이 보송보송한 할미꽃이 한 다발 예쁘게 피었다. 화계마을에 도착하니 커다란 느티나무가 마을을 지키고 있었다. 당산나무인 수령이 600년 정도 된 느티나무는 마을의 평안을 기원하는 풍어제를 지내는 장소라고 한다.

폐교된 성남초교에 다양한 현대미술작품을 전시한 '길현미술관'을 감상하고 봉전소류지를 지나 편백나무숲길을 통과하여 호구산 임도로 접어들었다. 길옆에 핀 쿠페아, 무꽃, 민들레, 무스카리 등 다양한 봄꽃들을 감상하며 산판도로를 1시간 정도 걸어 용문사 입구에 도착했다.

봉전소류지

호구산

미국마을   앵강다숲길

길 아래로 저택들이 삼삼오오 모여있는 미국마을의 풍경이 인상적이
었다.

두곡해변과 월포해변을 지나 파릇파릇하게 자란 마늘밭과 어우러진

이국적인 풍경을 자아내는 언덕 위의 하얀 집을 감상하면서 호랑이가 낮잠을 잤다던 숙호마을에 도착했다. 대해원 앞에서 할머니가 남해초라는 노지 시금치를 캐고 있어서 조금 도와드렸더니 남해초를 한 아름 주신다. 훈훈한 시골 인심에 감사했다. 비닐봉지에 나누어 넣고 기분 좋게 출발했다.

월포해수욕장

언덕 위의 하얀 집

숙호마을 남해초

홍현해라우지마을

남해자연맛집의 참멍게

홍현해라우지마을에서 싱싱한 전복으로 만든 전복죽으로 점심식사를 했다. 홍현마을 앞바다에서 양식한 싱싱한 전복으로 만든 전복죽으로 구수하고 맛이 일품이었다. 참멍게도 한 접시 주문했는데 노란 참멍게의 향긋한 바다향이 입안에 가득했다.

남면로를 따라 걷는데 길가의 유채밭에 유채꽃이 만발했다. 노란 유채꽃이 에메랄드빛 푸른 남해바다와 어울려 멋진 풍광을 자아냈다. 멋진 풍광을 마음껏 즐기고 홍현1리 마을로 들어섰다.

유채꽃밭

원시 어로 시설인 남해 석방렴과 홍현해라우지마을의 방풍림을 감상하며 해안을 따라 걸어갔다. 홍현 황토촌의 풍경이 바다와 어울려 아름다웠다.

남해 석방렴

홍현 황토촌

가천해안숲길로 들어섰다. 여기서부터 다랭이마을까지 2.5km 구간
은 남해바다 풍광을 감상하며 걷는 숲길이다. 울창한 숲길, 해안 절벽
길, 넝쿨 숲길, 대나무숲길 등을 지나 유채꽃이 흐드러지게 피어있는 가
천다랭이마을 해안 정자에 도착했다. 노란 유채꽃이 만발한 다랭이논과
마을 곳곳에는 수많은 관광객이 사진을 찍느라고 분주했다.

설흘산과 응봉산의 비탈에 있는 포구도 없던 가천마을에 석축을 쌓
아 만든 계단식 논이 역사적으로 보면 생존을 위한 주민들의 몸부림이
었을 텐데, 여기에 유채를 심어서 관광지로 가꾸어 지금은 명승 제15호
로 지정되어 수많은 관광객을 불러 모으고 있으니 참으로 아이러니한
현상이 아닌가? 머리는 쓰라고 위에 달려있나?

암수바위, 해안산책로, 다랭이 지겟길, 다랭이논 등등 다랭이마을 곳곳을 둘러보고 다랭이마을 전망대에서 마을 풍경을 감상한 다음, 남해 설레임펜션 앞에서 일정을 마감했다.

가천해안숲길

가천다랭이마을

NAMPARANG
ROUTE
43

가천다랭이마을 → 평산항

펜션단지 빛담촌의 아름다움과 항촌항 조약돌해변을 거닐며

| 거리(km) 14.0 | 시간(시,분) 5:30 | 도보여행일: 2022년 04월 02일 |

가천다랭이마을
실레임펜션
빛담촌
항촌마을
선구몽돌해변
선구보건소
사촌마을학관
유구마을
평산항

Namparang
≋ Route
43
14.0km

★ 꼭 들러야 할 필수 코스!

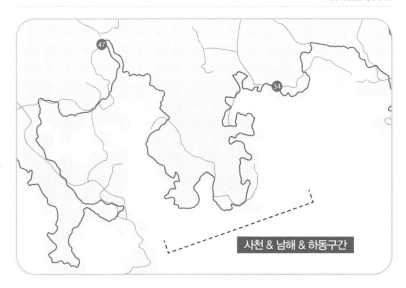

사천 & 남해 & 하동구간

	1.0k 0:30		2.3k 1:00	
가천다랭이 마을		설레임펜션		빛담촌

	0.9K 0:20		1.0k 0:30	0.9k 0:20
선구보건소		선구몽돌해변		항촌마을

0.8k 0:20	4.7K 1:30		2.4k 0:50	★
사촌마을회관		유구마을		평산항

남파랑길 43코스 <small>(가천다랭이마을~평산항)</small>
펜션단지 빛담촌의 아름다움과 항촌항 조약돌해변을 거닐며

유구방파제

이번 코스는 남해바래길 11코스인 '다랭이지겟길'이다. 농부들이 생계를 위해 다랭이논에 거름, 땔감, 농작물을 지고 논두렁을 오르내리며 삶의 터전으로 갔던 길이다. 카사마르 펜션을 지나 빛담촌길을 걸어갔

빛담촌

용발떼죽 포토존

다. 4월이라 벚나무에 봄의 전령인 벚꽃이 화사하게 피었다. 펜션 주변에는 수선화가 노랗게 피었고 길가에는 동백꽃과 엉겅퀴꽃이, 밭에는 완두콩이 하얗게 꽃을 피웠다. 사방이 꽃 천지다. 임도에서 바라본 에메랄드빛 푸른 바다와 해안선을 따라 옹기종기 모여있는 펜션의 모습이 장관이다.

빛담촌에 도착해 마을풍경을 감상하고 포토존에서 해안풍경을 배경으로 기념사진을 찍었다. 빛담촌 뒷산 응봉산의 8부 능선 자락에는 지고지순한 사랑에 감동해 용이 날아갔다는 '용발떼죽'이라는 열 평 남짓한 너럭바위가 있다고 한다. '용발떼죽' 조형물이 한려수도 앞바다와 여수 해안과 어우러져 멋진 풍경을 연출했다.

항촌 마을길로 내려가며 항촌경로당을 지나 항촌 해변으로 걸어갔다. 멋진 해안풍경을 감상하며 항촌 조약돌 해변을 지나 서구 몽돌해변에 도착했다. 둥글둥글한 자갈들이 봄햇살을 받아 보석처럼 반짝반짝

항촌마을

다랭이지겟길

항촌해변

빛나고 있었다. 선구선착장을 지나 선구마을로 들어섰다. 선구보건소를 지나는데 수사해당화가 화사하게 피었다. 비로야자나무와 마을 입구에 서 있는 수령 350년 된 느티나무의 자태가 매우 인상적이었고, 밭에는 청보리가 파릇파릇하게 자라고 있었다.

선구몽돌해변

사촌해수욕장으로 넘어가는 언덕에서 선구마을을 내려다보며 선구 해안풍경을 감상했다. 나무 계단을 내려와 사촌교와 사촌마을회관을 지나 사촌해수욕장에 도착했다. 하늘로 쭉쭉 뻗은 해송방풍림이 장관이었다. 사촌선착장을 지나 유구마을 초입에 있는 '소나무정' 식당에서 장어탕으로 점심식사를 했다. 부드럽고 구수한 장어탕이 보약 한 채를 먹는 느낌이었다.

선구마을

사촌마을

유구진달래군락지

유구해변

유채꽃, 배꽃, 치자나무꽃, 민들레 등등 갖가지 봄꽃들을 감상했다. 고동산자락으로 둘러싸인 유구마을로 들어서니 마늘밭과 양파밭에 파릇파릇 마늘대가 제법 자랐고 비트도 한창이었다. 호두산 산길을 걸으며 진달래꽃도 마음껏 구경하고 남면로를 내려와 유구방파제에서 해안 풍광을 만끽했다.

유구마을

남해와 죽도, 평산항의 풍경을 감상하며 평산1리 마을회관에 도착해서 일정을 마감했다.

유구해변에서 바지락을 채취하는 아주머니들

평산마을

NAMPARANG
ROUTE
44

평산항 → 서상여객선터미널

임진성의 역사적 공간을 둘러보고 천황산전망대에서 아난티해안의 절경에 취해

거리(km)	시간(시 분)	도보여행일: 2022년
13.5	5:00	04월 02일~03일

임진성

남구마을회관

평산항

고실치고개

장항해변

서상여객선
터미널

Namparang
≈ Route
44

13.5km

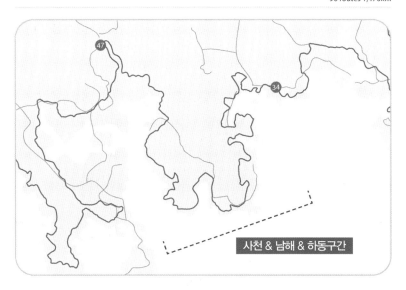

사천 & 남해 & 하동구간

| 4.2k
1:40 | | 1.0k
0:20 | |
| 평산항 | 임진성 | 남구마을회관 | |

2.7k
1:00

| 1.2K
0:30 | | 4.4k
1:30 | |
| 서상여객선
터미널 | 장항해변 | 고실치고개 | |

남파랑길 44코스 (평산항~서상여객선터미널)
임진성의 역사적 공간을 둘러보고 천황산전망대에서 아난티해안의 절경에 취해

천황산전망대에서 바라본 아난티 남해

아난티 남해

2022년 4월 2일 토요일 오후 5시경, 평산2리 마을회관을 출발해 언덕길로 접어들었다. 오리마을로 넘어가는 언덕에서 내려다본 아난티 남해의 힐튼 남해 CC 전경이 장관이었다. 연녹색의 잔디를 밟으며 남해바다의 향기와 봄기운을 느끼며 자연과 어우러져 골프를 즐기는 풍경이 여유로웠다.

탐스럽게 만개한 왕벚꽃과 화사한 분홍빛 복숭아꽃의 봄 향연을 즐기며 오리마을의 오리회관과 남해해성고등학교를 지났다. 마을의 보호수인 팽나무를 구경하고 소나무 숲길을 따라 임진성으로 올라갔다. 남해군 평산포 북쪽의 낮은 구릉에 자리한 임진성은 임진왜란 때 군·관·민이 왜적을 물리치고 향민의 재산과 생명을 지키기 위해 쌓은 성이라고 한다. 겹동백꽃이 화사하게 핀 동백나무 두 그루가 서 있는 정상에서 임진성 집수지를 둘러보고 저녁노을에 붉게 물든 해안풍경을 감상하며 남구마을로 내려왔다. 경주 김씨 수은공파의 잔디장과 밀양 박씨 가족 묘원이 매우 인상적이었다.

임진성 집수지

경주 김씨 잔디장

밀양 박씨 가족묘원

다음 날, 아침식사를 할 만한 식당이 없어 숙소에서 과일과 빵으로 간단히 아침식사를 해결했다. 남구마을회관을 출발해 파릇파릇한 풋마늘과 노란 유채꽃이 만발한 남구마을의 다랭이 밭길을 걸어 천황산 임도를 따라 올라갔다. 4월 초임에도 불구하고 고실치고개로 올라가는 길 주변에 보들보들한 쑥이 지천으로 널렸다. 배낭을 벗어놓고 한참 동안 쑥을 뜯었다. 쑥국을 끓여 먹거나 쑥 튀김을 해 먹겠다는 생각에 열심히 뜯었다.

2018년 3월 24일, 송인엽 부부와 함께 추자도에서 제주올레길을 걸으며 쑥을 채취해서 도다리쑥국을 맛있게 끓여먹었던 지난날의 추억이 떠올랐다.

임도를 오르는 길에 산벚꽃, 민들레꽃, 연둣빛 새싹들의 향연이 봄의 향기를 물씬 풍겼다. 관심을 가지고 보니 사방이 꽃천지다. 산벚꽃, 복숭아꽃, 진달래꽃, 자두꽃, 유채꽃, 동백꽃, 민들레꽃 등등, 하나하나 꽃 이름을 검색하며 알아가는 것이 재미있었다.

임도로 접어들자, 이곳부터 4.5km 구간은 중간 탈출로가 없다는 안

고실치고개 오르는 길

내판이 있었다. 고실치고개를 지나 임도를 따라 걷다 보니 너덜지대 아래 전망이 좋은 곳에 쉼터가 마련되어 있었다. 천황산전망대에 올라 휴식을 취하면서 아난티 남해의 힐튼 남해 CC 전경

고실치고개에서 바라본 여수 해안

과 에메랄드빛 남해바다의 풍경을 감상했다. 저 멀리 한려수도와 여수
해안이 어우러져 한 폭의 풍경화를 그려냈다.

천황산전망대

천황산 편백숲

장항마을

장항동횟집의 생선회

　서상에서 덕월까지 이어지는 천황산 임도를 따라 편백숲을 지나 장
항마을로 내려왔다. 임도 주변에 진달래가 만발했다. 장항마을의 '장
항동횟집'에서 점심식사를 했는데 회가 싱싱하고 푸짐했다. 밑반찬도 깔
끔하고 입맛에 딱 맞았다.

장항해변을 지나 남해스포츠파크에 도착해 야구장, 풋살경기장, 축구장 등을 둘러보았다. 왕벚꽃이 화사하게 피어있는 서상천 주변의 풍경도 감상했다. 보물섬 흔들다리를 건너면서 서상숲도 둘러보고 벚꽃이 만개한 서상천길을 감상하며 다리를 건너 코스 안내판 앞에서 일정을 마감했다.

장항해변

남해스포츠파크

서상숲

서상천

서상여객선터미널 → 새남해농협 중현지소

예계마을의 왕벚꽃 터널과 망운산노을길에서 시간이 멈춘 듯한 평화를 느끼며

거리(km)
12.6

시간(시. 분)
4:00

도보여행일: 2022년 04월 03일

★ 꼭 들러야 할 필수 코스!

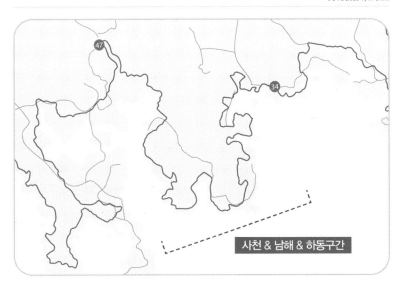

사천 & 남해 & 하동구간

	1.4k 0:30		2.6k 0:50	
서상여객선 터미널		예계		상남

3.1k 1:00

	1.8K 0:30		3.7k 1:10	
★ 새남해농협 중현지소		노구회관		염해

남파랑길 45코스 (서상여객선터미널~새남해농협 중현지소)
예계마을의 왕벚꽃 터널과 망운산노을길에서 시간이 멈춘 듯한 평화를 느끼며

유포 어촌체험마을

　　서상항의 여객선터미널을 출발하여 서상마을에서 당산목인 느티나무를 감상한 다음 내륙 숲길을 따라 예계마을로 향했다. 이번 코스는 남해바래길 13코스인 서상에서 예계, 상남, 작장, 남상, 염해, 유포, 노구를 잇는 망운산노을길로, 주로 해변을 따라 걷는 길이다. 평안마을과 예계마을을 잇는 1024번 남서대로에는 벚꽃이 만개하여 벚꽃 터널을 이루고 있었다. 특히, 예계마을 입구의 화려한 왕벚꽃 터널은 마치 무릉도원을 걷는 듯했다.

　　예계마을은 양지바른 곳에 있어서 따뜻하다고 해서 옛날에는 '여기방'이라고 불렀다고 한다. 왕벚꽃 터널을 거닐며 꽃향기에 취해 다양한 포즈로 사진을 찍고 해변으로 내려갔다.

예계마을 벚꽃길

예계마을

남해바다와 한려수도, 여수 해안선 및 해안풍경을 감상하며 해안로를 따라 걸어 상남마을 해변으로 접어들었다.

예계마을 해변길

예계마을 해변길

상남방파제를 지나 넓은 갯바위에서 잠시 휴식을 취하며 시원한 바닷바람도 맞고 음료수로 갈증을 달랬다. 인적 드문 해변을 걷고 또 걸어 작장마을에 도착하니 작장방파제 갯벌에서 어촌 주민들이 열심히 무언가를 캐고 있었다. 궁금증을 참지 못하여 토박이 주민에게 물어보았더니, 삽으로 갯벌을 파는 남자들은 우럭조개를, 호미로 갯벌을 긁는 아낙

상남마을 해변길   작장마을

네들은 바지락을 캐고 있다고 한다. 우
럭조개는 우럭과에 속하는 장란형 조
개로 전면은 둥글고 뒤로 갈수록 좁아
져 후면은 둥근 모양의 껍질이 검고
손바닥 크기만 한 조개였다.

우럭조개

산길을 지나 남상마을의 큰 벚나무
아래에서 잠시 휴식을 취한 다음 염해
마을로 향했다. 마을 아주머니가 불가사리를 말리고 있었는데, 불가사
리도 먹는지 궁금해서 아주머니에게 물어보았다. 불가사리가 해양생태
계를 파괴하기 때문에 인근 바다를 보호하기 위해 불가사리를 건져서
말려서 밭의 거름으로 사용한다고 한다.

염해마을

유포마을

노구마을

　염해마을 언덕을 올라 망운산을 바라보며 억새밭길을 넘어 유포마을로 내려갔다. 망운산자락이 병풍처럼 둘러싸고 있는 유포마을은 아늑하고 포근했다. 유포 어촌체험장에서 마을 앞 넓은 갯벌과 남해의 풍경을 감상하고 해안로를 따라 바다 풍광을 구경하며 걸었다. 구솔정교를 건너 노구마을에 들어섰다.

　이씨, 정씨, 고씨의 집성촌인 노구마을에는 '노구 가직대사 삼송'이라는 남해군 보호수가 있었다. 1748년 조선시대에 득도한 가직대사가 심은 것으로 추정되며 삼송 중 가장 수형이 잘 잡힌 소나무로 수령이 270년이 넘는다고 한다. 매년 10월에 당산제를 지내고 있다고 한다.

　노구마을회관을 지나 노구마을 해변을 걸으며 해안경치를 감상하고, 중현보건진료소에 도착해 트레킹을 마감했다.

노구 가직대사 삼송

노구마을 해변

NAMPARANG
ROUTE
46

새남해농협 중현지소 → 노량공원주차장 해안데크길

관음포 이락사와 충렬사에서 이순신 장군의 애국충절 정신을 되새기며

 거리(km)
20.0

 시간(시 분)
6:30

 도보여행일: 2022년 04월 16일

Namparang
Route
46

20.0km

★ 꼭 들러야 할 필수 코스!

사천 & 남해 & 하동구간

	4.3k 1:20		2.0k 0:40	
새남해농협 중현지소		백년곡고개		선원회관

0.9k
0:20

5.2K 1:40		3.3k 1:00	
월곡마을	이순신 순국공원		고현면사무소

1.3k
0:30

	1.5K 0:30		1.5k 0:30	
감암회관		충렬사		노량공원주차장 해안데크길

남파랑길 46코스 (새남해농협 중현지소~노량공원주차장 해안데크길)
관음포 이락사와 충렬사에서 이순신 장군의 애국충절 정신을 되새기며

화전별곡이야기길

　이번 코스는 남해바래길 14코스인 '이순신 호국길'로 임진왜란 당시 마지막 격전지인 '이순신 순국공원'과 노량해전 당시 이순신 장군의 유해가 최초로 육지에 오른 남해 관음포 '이락사'와 '남해 충렬사'를 걷는 길이다. 이 길을 따라 걸으며 이순신 장군의 애국 충절과 호국정신을 느낄 수 있었다.

　회룡마을의 중현보건진료소를 출발했다. 온 마을이 꽃으로 가득했다. 화방로를 따라 붉은 명자나무꽃이 만발했고 하얀 매화꽃, 분홍빛 박태기꽃, 연둣빛 염주괴불주머니꽃, 연분홍 모과꽃이 지천으로 피어 봄기운을 물씬 풍겼다. 새로운 생명이 싹트는 봄기운에 몸과 마음이 저절로 치유되는 기분이었다.

　담쟁이덩굴잎과 연둣빛 감나무 새싹을 감상하며 중현마을의 운곡사

운곡사

에 도착했다. 조선시대 학자인 당곡 정희보 선생의 사당인 운곡사를 둘러보고 중현마을회관을 지나 삼봉산 아래 우물마을로 들어섰다.

우물마을을 지나 백년곡고개로 오르는 언덕에서 우물마을의 전경을 내려다보니 환상적이었다. 담장의 골담초, 연보랏빛 으름꽃, 비녀 모양

우물마을

정포리

백년곡고개   선원마을

의 참고비를 구경하며 정포리를 지나 백년곡고개를 넘었다. 고려대장경
판 판각지였던 백련암지와 고려시대 귀족들의 휴양을 위해 마련한 건
물터인 선원사지를 지났다. 선원마을회관을 지나 고현마을의 교원중화
요리에 도착해서 점심식사를 했다.

    탑동교차로에서 대사천을 따라 '관세음길'을 걸었다. '세상의 모든
소리를 살펴본다'라는 관세음길은 남해군 고현면에 있는 길로 정지 장
군을 기리는 '정지석탑'과 이순신 장군의 순국을 기리는 '이순신 순국공
원'을 연결하는 산책길이다.

    대사천 둑의 화전별곡이야기길에는 도로 양옆으로 홍가시나무의 붉
은 잎이 싱싱하게 피어있었고, 둑면에는 붉은 패랭이꽃이 풍성하게 피어
있었다. 환상적인 풍경 속의 포토존에서 사진을 찍으며 봄의 정취를 마음
껏 즐겼다. 도로변에 설치된 반야심경의 한 글귀가 마음을 끌었다.

    '아제아제 바라아제 바라승아제 모지 사바하'

화전별곡이야기길 포토존

'건너간 자여, 건너간 자여! 피안에 건너간 자여! 피안에 완전히 도
달한 자여!'

깨달음이여! 평안하소서!

남해대로를 걸으며 방월교를 지나 이순신 순국공원에 도착했다. 이
순신 순국공원은 관음포광장과 호국광장으로 조성되어 있었다. 관음포
광장의 리더십 체험관으로 들어가 관음루에 올라서 관음포 풍경을 감
상하고 노량대원, 전승관, 순국관, 충무관, 통제관을 둘러보았다. 정지
장군의 관음포대첩 기념비, 고려대장경 판각지, 관음포광장 등을 구경

하고 호국광장으로 이동했다.

이순신 순국공원

정지 장군의 관음포대첩 기념비

이순신 영상관에서 임진왜란 최후의 해전인 노량해전 다큐를 감상하고 노량해전 당시 이순신 장군의 유해가 최초로 육지에 오른 '이락사'를 둘러보았다. 이락사에 걸려있는 '**대성운해(大星隕海)**' '큰 별이 바다에 떨어지다'라는 편액을 마주하니 가슴이 먹먹했다. 이락사 입구에는 이순신 장군이 노량해전 관음포전투에서 왼쪽 가슴에 왜군의 총탄을 맞고 숨을 거두기 전에 말씀하신 '**전방급 신물언아사(戰方急 愼勿言我死)**' '전쟁이 한창 급하니 나의 죽음을 말하지 말라'라는 글귀가 새겨진 이순신 유언비가 세워져 있었다. 우리가 학창 시절에 배운 '나의 죽음을 적에게 알리지 말라'라는 글귀의 원본이었다. 시대의 큰 인물로 진정한 애국자이자 충신이었다.

첨망대를 둘러보고 나대용 거북선공원, 이순신 학익진공원, 어영담 물길공원, 정걸 판옥선공원, 이봉수 화약공원 등을 구경하고 이락산 산길로 접어들었다. 배꽃, 으름꽃을 즐기면서 고개를 넘어가던 중 임도 주

이락사

호국광장

월곡마을

변에 고비가 많이 피었다. 좀처럼 만나기 어려운 고사리보다 훨씬 맛있는 고급 식품이다. 차면항을 지나 월곡마을로 넘어가는 언덕에서 내려다본 노량대교의 풍광이 아름다웠다.

편백나무숲을 지나 노량대교 아랫마을인 감암마을로 내려갔다. 감암 해변의 파릇파릇한 해초로 뒤덮인 너른 갯벌과 푸른 바다가 노량대교와 어우러져 한 폭의 풍경화를 연출했다. 노량대교와 남해대교 밑을 지나 노량포구의 충렬사에 도착했다.

노량해전에서 순직한 충무공의 시신은 최초로 이락사에 안치되었다가 그해 충렬사의 가묘 자리로 이장되어 3개월 정도 안치된 다음 충남 아산 현충사에 안장되었다고 한다. 충렬사 사당 뒤편에 충무공 가묘가 있었고 가묘 옆에는 고 박정희 대통령의 기념식수가 위엄있게 자라고 있었다. 경건한 마음으로 충렬사를 둘러본 다음 남해대교를 건너 노량공원주차장에 도착했다.

노량포구(감암 해변)

충렬사

남해대교에서 바라본 노량 해안마을

NAMPARANG
ROUTE
47

노량공원주차장 해안데크길 → 섬진교 동단

섬진강변을 따라 재첩특화마을과 습지공원의 갈대숲, 송림공원을 둘러보고

거리(km)
26.9

시간(시, 분)
8:20

도보여행일: 2022년 04월 17일

사천 & 남해 & 하동구간

노량공원주차장
해안데크길

1.9k
0:40

금남면사무소

3.4k
1:00

사등마을회관

1.1k
0:20

2.1K
0:40

선소공원

8.4k
2:40

객길마을회관

대송마을회관

2.4k
0:40

1.8K
0:30

섬진강
습지공원

5.8k
1:50

하동포구공원

★
섬진교 동단

섬진강 습지공원

노량대교

하동과 남해를 잇는 남해대교의 멋진 풍광을 감상하며 노량해안길을 걸어 노량항에 도착했다. 아침 해가 떠오르는 노량항의 풍경과 노량대교 및 월곡마을의 아름다움을 감상하며 금남면사무소를 지났다. 노량초등학교와 미법마을을 거쳐 하동남부발전소를 둘러보고 사등마을회관에 도착했다. 멀리 금오산이 보이며 정상의 시설물들이 윤곽을 드러냈다.

하동 금오산 정상에는 하동 케이블카와 금오산 스카이워크, 금오산 짚라인 등의 시설이 있어 금오산과 한려해상국립공원의 멋진 풍경을

노량항

미법마을

즐길 수 있다. 금오산을 바라보며 넓은 들판의 농로를 따라 대송마을회관에 도착했다. 동백나무에 붉은 겹동백꽃이 화려하게 피어있었고 4월 중순임에도 엄나무에는 연둣빛 새순이 돋아 있었다. 금남중 · 고등학교가 있는 덕포마을의 풍경을 감상하며 덕천교 다리 아래를 지나 금오마을에 도착하니 거대한 팽나무가 정자와 함께 서 있었다.

사등마을 농노길

진정천 둑길

싱그럽게 핀 하얀 사과꽃을 감상하고 진정천을 따라 걸으며 갈대숲과 마을 풍경을 감상했다. 대동주유소를 지나고 계량교를 건너 진정천 둑길을 따라 걸었다. 금오산과 어우러진 주교천 갈대의 풍경이 절경이었다. 하동터널을 지나 석천교를 건너 객길마을을 지나며 마주친 마을회관 입구의 향나무 가로수길이 인상적이었다.

주교천교를 지나 섬진강 하류 지역으로 들어섰다. 섬진강대교와 조개섬의 풍경을 감상하며 섬진강변의 목재데크를 따라 걸었다. 섬진강 파크골프장을 지나 객길마을과 금오산의 풍경, 섬진강교 등을 감상했다. 선소공원을 둘러보고 섬진강변을 걸어 섬진강재첩체험마을인 신방마을에 도착했다. 몇몇 사람들이 재첩을 채취하는 모습과 도로변에 재첩을 파는 식당들이 즐비한 모습이 인상적이었다.

섬진강변

신방마을

벚나무 가로수길

섬진강 습지공원에 도착했
다. 광활한 섬진강의 갈대숲을
곳곳에 전망대가 설치된 목재데
크길로 잘 조성해 놓았다. 전망
대에서 갈대숲을 마음껏 조망했
다. 벚나무 가로수길을 걸으며

섬진강 습지공원

섬진강 대나무숲길을 지나 강변에서 재첩을 채취하는 모습을 구경하며
횡천교를 건넜다. 봄 햇살에 반짝이는 섬진강 물줄기와 주변 갈대숲 경
치가 환상적이었다.

하동포구공원

   드라마 '허준' 촬영지인 하동포구공원에 도착했다. 하동포구 깃발과 하춘화의 하동포구 노래비, 울창한 송림 등을 감상했다. 옛날에는 여기까지 배가 들어왔나 보다. 어린 시절인 1960년대에는 '하동김'이 유명했는데 지금도 '하동녹차명란김'이 유명하다고 한다.

   섬진강대교를 지나 섬진강의 풍경을 감상하며 둑길을 걸어 하저구 마을에 도착했다. 국내 최대 재첩 산지라는 비석이 있는 곳에서 섬진강대교 쪽을 바라보는 경치가 절경이었다. 상저구마을에 도착하니 황금두꺼비상이 마을을 지키고 있었다. 고려시대 때 섬진강 하구를 노략질해

오던 왜구를 두꺼비들이 몰려나와 울부짖어 물리쳤다고 하여 섬진강의 '섬' 자를 두꺼비 '蟾' 자를 썼다고 한다. 하동전통시장에도 두꺼비상이 있다.

하저구마을

상저구마을

재첩 채취 풍경

경전선 폐철로를 도보교로 탈바꿈시킨 하모니철교를 지나 하동송림
공원에 도착했다. 하동송림공원은 조선 영조 21년(1745년)에 하동 도
호부사 전천상이 섬진강의 강바람과 모래바람을 막기 위해 만든 방풍
림으로 750여 그루의 소나무가 울창하게 자라고 있었다. 2005년 2월 18
일 천연기념물 제445호로 지정되었다.

하동에는 화개장터 십리벚꽃, 금오산 일출과 다도해, 쌍계사의 가을,
평사리 최참판댁, 형제봉 철쭉, 청학동 삼성궁, 지리산 불일폭포, 하동포
구 백사청송, 화개동천 야생차밭, 섬호정에서 바라본 섬진강. 하동포구
백사청송의 하동 10경이 있다. 하동송림공원이 바로 하동포구 백사청
송이다. 모두 한 번씩 가볼 만한 곳이다.

경상남도 하동군과 전라남도 광양군을 연결하는 섬진교에서 트레킹

을 마무리하고 하동의 '하동솔잎한우프라자'에서 저녁식사를 했다. 회갑을 맞이한 노희자께서 회갑 턱을 내셨다. 세상 부러울 것 없는 행복한 하루였다.

하동에는 배와 매실이 유명하다. 하동 배는 하동의 만지마을 일원에서 추석을 전후하여 생산되며 광양 매화마을에서는 봄철 우리나라 제일의 매화 축제가 열린다. 하동에는 군수님이 식사하시는 마루솔 한정식과 하동솔잎 한우프라자, 형제식육식당 등 맛집들도 많다.

하동송림공원

남파랑길
완주를 〰〰〰
마치며 🥾🚶

완보인증메달

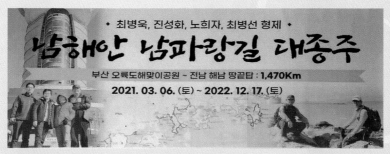

완보플래카드

　2021년 3월 6일, 부산 오륙도해맞이공원을 출발하여 2년 동안 39회
에 걸쳐서 2022년 12월 17일에 해남의 땅끝탑에 도착하여 1,470Km의
남파랑길을 완보했다.

　부산에서 하동까지의 경상도 구간은 총거리 786km로 41일에 걸쳐
20회로 나누어 완보했고, 하동에서 땅끝까지의 전라도 구간은 총거리
700km로 40일에 걸쳐 19회로 나누어 완보했다.

　목적지가 남해에 접해있어서 오고가는 데 많은 시간과 경비가 소요
됐다. 교통편은 부산에서 고성의 12코스까지는 KTX 열차를 이용했고,
13코스부터는 승용차를 이용했으며 현지에서는 택시를 이용했다. 장거
리 운전에 피로하기도 했고 위험도 따르는 등 어려운 점이 많았다.

　숙박은 인접한 도시의 모텔을 이용하였고, 식사는 조식은 간단히,
점심은 비교적 생략하고, 저녁은 그 지역의 맛집을 찾아서 푸짐하게 먹
었다. 덕분에 전국의 맛있는 음식을 골고루 맛보았다. 소요경비는 대략

1,480만 원(부부 2인분) 정도 들었다.

　　남파랑길 완보를 기념하기 위하여 땅끝전망대에서 기념사진을 찍고 땅끝탑에 도착해서 대장정을 마감했다. 계절이 여덟 번 바뀌는 동안 평생 가보지 못할 곳을 걷고 또 걸었다. 가슴이 뿌듯하고 나 자신이 대견스러웠다. 매사에 용기가 나고 자신감이 생겼다. 이대로 내년부터 서해랑길을 가리라 다짐했다.

완보기념사진(땅끝전망대)

땅끝탑

2023년 1월 4일, 한국관광공사로부터 남파랑길 완보인증서와 완보 패를 받았다. 4명 것을 모두 합치니 대단한 형제들이었다.

완보인증서(최병욱)　　　　　완보인증서(진성화)

완보인증서(노희자)　　　　　완보인증서(최병선)

참고

1) 도보일자별 코스, 거리, 소요시간

단위 : 원

회	도보일자		구간	코스	거리 [Km]	소요 시간
01	2021 03.06 ~ 03.07	1박 2일	부산	01, 02	42.1	14:40
02	03.27 ~ 03.28	1박 2일	부산	03, 04	40.2	15:20
03	04.10 ~ 04.11	1박 2일	부산 창원	05 06, 07	45.8	15:50
04	04.17 ~ 04.18	1박 2일	창원	08, 09, 10	49.7	17:00
05	05.01 ~ 05.02	1박 2일	창원 고성	10, 11 12	31.4	11:50
06	05.22 ~ 05.23	1박 2일	고성 통영	13 14, 15	33.2	11:30
07	06.05 ~ 06.06	1박 2일	거제	16, 17	53.1	18:00
08	06.19 ~ 06.20	1박 2일	거제	18, 19	37.0	13:10
09	09.04 ~ 09.05	1박 2일	거제	20, 21	41.6	15:40
10	09.11 ~ 09.12	1박 2일	거제	22, 23	31.4	14:30
11	10.02 ~ 10.04	2박 3일	거제	24, 25, 26 ,27	50.5	17:40
12	10.23 ~ 10.24	1박 2일	통영	28, 29	36.5	14:00
13	11.06 ~ 11.07	1박 2일	통영 고성	30 31	38.2	13:10
14	11.20 ~ 11.21	1박 2일	고성	32, 33	34.7	12:40

회	도보일자		구간	코스	거리 [Km]	소요 시간
15	12.04 ~ 12.05	1박 2일	사천	34, 35	24.2	9:10
16	2022 01.15 ~ 01.16	1박 2일	남해	36, 37	34.8	11:20
17	03.05 ~ 03.06	1박 2일	남해	38, 39, 40	41.0	14:40
18	03.26 ~ 03.27	1박 2일	남해	41, 42	33.2	12:00
19	04.02 ~ 04.03	1박 2일	남해	43, 44, 45	40.1	14:30
20	04.16 ~ 04.17	1박 2일	남해 하동	46 47	46.9	14:50
계		41일	경상도	47개	785.6	285:05

2) 도보일자별 소요경비 내역

단위 : 원

회	도보일자	소요 경비 내역				
		교통비	식 비	숙박비	잡 비	계
01	2021 03.06 ~ 03.07	151,500	133,000	70,000	29,000	383,500
02	03.27 ~ 03.28	143,300	145,000	80,000	36,000	404,300
03	04.10 ~ 04.11	143,300	189,000	30,000	12,000	374,300
04	04.17 ~ 04.18	164,700	146,000	60,000	0	370,700
05	05.01 ~ 05.02	196,400	146,000	60,000	0	402,400
06	05.22 ~ 05.23	65,000	170,000	85,000	9,000	329,000
07	06.05 ~ 06.06	70,600	157,000	65,000	10,500	303,100
08	06.19 ~ 06.20	60,800	187,000	65,000	6,500	319,300
09	09.04 ~ 09.05	68,500	196,000	50,000	40,000	354,500
10	09.11 ~ 09.12	72,700	208,000	50,000	3,200	333,900
11	10.02 ~ 10.04	78,900	248,000	100,000	0	426,900
12	10.23 ~ 10.24	62,800	162,000	50,000	5,000	279,800
13	11.06 ~ 11.07	83,100	188,000	50,000	0	321,100
14	11.20 ~ 11.21	57,300	190,000	50,000	3,000	300,300
15	12.04 ~ 12.05	53,000	132,000	50,000	0	235,000
16	2022 01.15 ~ 01.16	65,200	203,000	50,000	0	318,200
17	03.05 ~ 03.06	98,400	171,000	50,000	2,000	321,400
18	03.26 ~ 03.27	85,000	205,000	65,000	0	355,000
19	04.02 ~ 04.03	83,400	138,000	60,000	0	281,400
20	04.16 ~ 04.17	112,700	252,000	60,000	4,000	428,700
계		1,916,600	3,566,000	1,200,000	160,200	6,842,800

3) 남파랑길 코스별 거리, 시간, 도보일

구간	코스	구 역	거리 (Km)	시간 (시:분)	도보일
부산	1	오륙도해맞이공원 ~ 부산역	23.5	7:50	2021 03.06
	2	부산역 ~ 영도대교 입구	18.6	6:50	03.07
	3	영도대교 입구 ~ 감천사거리	17.4	7:00	03.27
	4	감천사거리 ~ 신평동교차로	22.8	8:20	03.28
	5	신평동교차로 ~ 송정공원	19.8	6:50	04.10
창원	6	송정공원 ~ 제덕사거리	14.8	5:00	04.11
	7	제덕사거리 ~ 상리마을 입구	11.2	4:00	04.11
	8	상리마을 입구 ~ 진해드림로드 입구	15.7	6:00	04.17
	9	진해드림로드 입구 ~ 마산항 입구	18.7	6:30	04.18
	10	마산항 입구 ~ 구서분교 앞 삼거리	15.3	4:30	04.18
	11	구서분교 앞 삼거리 ~ 암아교차로	15.1	5:50	05.01
고성	12	암아교차로 ~ 배둔시외버스터미널	16.3	6:00	05.02
	13	배둔시외버스터미널 ~ 황리사거리	19.6	6:30	05.22
통영	14	황리사거리 ~ 충무도서관	13.6	5:00	05.23
	15	충무도서관 ~ 사등면사무소	17.9	6:10	06.05
거제	16	사등면사무소 ~ 고현버스터미널	13.9	4:50	06.05
	17	고현버스터미널 ~ 장목파출소	21.3	7:00	06.06
	18	장목파출소 ~ 김영삼대통령 생가	18.7	6:30	06.19
	19	김영삼대통령 생가 ~ 장승포 시외버스터미널	18.3	6:40	06.20

구간	코스	구 역	거리 (Km)	시간 (시:분)	도보일
거제	20	장승포 시외버스터미널 ~ 거제어촌민속전시관	23.1	9:30	2021 09.04
	21	거제어촌민속전시관 ~ 구조라 유람선터미널	18.5	6:10	09.05
	22	구조라 유람선터미널 ~ 학동고개	18.2	7:30	09.11
	23	학동고개 ~ 저구항	13.2	7:00	09.12
	24	저구항 ~ 탑포마을 입구	10.6	3:50	10.02
	25	탑포마을 입구 ~ 거제파출소	14.6	5:30	10.03
	26	거제파출소 ~ 청마기념관	13.4	4:00	10.03
	27	청마기념관 ~ 장평리 신촌마을	11.9	4:20	10.04
통영	28	장평리 신촌마을 ~ 남망산 조각공원입구	15.5	5:40	10.23
	29	남망산 조각공원입구 ~ 무전동 해변공원	21.0	8:20	10.24
	30	무전동 해변공원 ~ 바다휴게소	20.6	7:10	11.06
고성	31	바다휴게소 ~ 부포사거리	17.6	6:00	11.07
	32	부포사거리 ~ 임포항	14.8	5:20	11.20
	33	임포항 ~ 하이면사무소	19.9	7:20	11.21
사천	34	하이면사무소 ~ 삼천포대교 사거리	11.2	4:00	12.04
	35	삼천포대교 사거리 ~ 대방교차로	13.0	5:10	12.05
남해	36	대방교차로 ~ 창선파출소	17.8	5:40	2022 01.15
	37	창선파출소 ~ 적량버스정류장	17.0	5:40	01.16
	38	적량버스정류장 ~ 지족리 하나로마트	12.0	4:10	03.05
	39	지족리 하나로마트 ~ 물건마을	9.5	3:30	03.05

구간	코스	구 역	거리 (Km)	시간 (시:분)	도보일
남해	40	물건마을 ~ 천하몽돌해변 입구	19.5	7:00	2022 03.06
	41	천하몽돌해변 입구 ~ 남해바래길 안내센터	17.6	6:00	03.26.
	42	남해바래길 안내센터 ~ 가천다랭이마을	15.6	6:00	03.27
	43	가천다랭이마을 ~ 평산항	14.0	5:30	04.02
	44	평산항 ~ 서상여객선터미널	13.5	5:00	04.02-03
	45	서상여객선터미널 ~ 새남해농협중현지소	12.6	4:00	04.03
	46	새남해농협중현지소 ~ 노량공원주차장 해안데크길	20.0	6:30	04.16
하동	47	노량공원주차장 해안데크길 ~ 섬진교 동단	26.9	8:20	04.17
		계	785.6	285:05	41일

4-1) 우리가 찾아간 맛집(1)

구간	상호명	전화번호	주소	메뉴
부산	소문난불백	(051)-464-0846	부산광역시 동구 초량로 36	돼지갈비
부산	골목갈비	(051)-463-1722	부산광역시 동구 초량로 17-3	돼지갈비
부산	홍성방	(051)-467-3682	부산광역시 동구 중앙대로 179번길 1	중식
부산	신발원	(051)-467-0177	부산광역시 동구 대영로 243번길 62	만두
부산	수빈추어탕	(051)-626-7111	부산광역시 남구 석포로 114번길 18	추어탕
부산	목장원	(051)-404-5000	부산광역시 영도구 절영로 355	갈비
부산	명예해물 잡탕	(051)-205-9314	부산광역시 사하구 원양로 398	해물잡탕
창원	선돌 기사네식당	(055)-552-6674	경남 창원시 진해구 웅동로 208	한식
창원	가덕도횟집	(055)-552-3325	경남 창원시 진해구 안청로 28	생선회
창원	청진동 해장국	(055)-551-1170	경남 창원시 진해구 명동로 95	코다리찜
창원	오동동 아구할매집	(055)-246-3075	경남 창원시 마산합포구 아구찜길 13	아구숙회
창원	광포복집	(055)-242-3308	경남 창원시 마산합포구 오동동 10길 8	까치복국
창원	마산횟집	(055)-243-8285	경남 창원시 마산합포구 어시장8길 61	도다리회

구간	상호명	전화번호	주소	메뉴
창원	동해 장어횟집	(055)-224-1004	경남 창원시 마산합포구 수산2길 103	장어구이
창원	초가아구찜	(055)-222-7027	경남 창원시 마산합포구 동서북17길 27	아구수육
창원	미더덕 모꼬지맛집	(055)-272-0044	경남 창원시 마산합포구 진동면 미더덕로 343	미더덕회
고성	신토불이 옻닭	(055)-673-5082	경남 고성군 회화면 당항만로 1111	멍게비빔밥
고성	고성쭈꾸미	(055)-672-4129	경남 고성군 거류면 거류로 711	쭈꾸미
고성	신학식당	(055)-672-7878	경남 고성군 고성읍 성내로 141	해물 전복뚝배기
고성	오징어와 친구들	(055)-674-4318	경남 고성군 고성읍 성내로 124번길 51	오징어요리
고성	계림새우나라	(055)-672-4616	경남 고성군 고성읍 신월로 31	새우요리
고성	임포횟집	(055)-673-1017	경남 고성군 하일면 학림5길 47-10	하모회

4-2) 우리가 찾아간 맛집(2)

구간	상호명	전화번호	주소	메뉴
거제	바다식당	(055)-632-9670	경남 거제시 사등면 성포로 103	회덮밥
거제	구선장네횟집	(055)-632-2171	경남 거제시 사등면 성포로 77	생선회
거제	이든횟집	(055)-634-2244	경남 거제시 계룡로 40	생선회
거제	백만석	(055)-638-3300	경남 거제시 계룡로 47	성게비빔밥
거제	생생이	(055)-638-1066	경남 거제시 계룡로 68	해물철판
거제	하청숯불갈비	(055)-636-9260	경남 거제시 하청면 거제북로 582	한식
거제	다이버수산	(055)-638-2737	경남 거제시 장목면 거제북로 1207	4단해물찜
거제	매미면가	(055)-637-3377	경남 거제시 장목면 복항길 2 103호	비빔밀면
거제	중앙식당	(055)-687-3318	경남 거제시 옥포로 215	한식
거제	팔팔횟집	(055)-688-0155	경남 거제시 옥포로 4길 32	멍게비빔밥
거제	강성횟집	(055)-681-6289	경남 거제시 일운면 지세포해안로 204	생선회
거제	거제보재기집	(055)-682-0111	경남 거제시 일운면 지세포해안로 175	멍게비빔밥
거제	초정명가	(055)-682-4111	경남 거제시 일운면 지세포해안로 38	생선회
거제	혜원식당	(055)-681-5021	경남 거제시 장승포로 121-2	해물찜
거제	하면옥	(055)-682-3434	경남 거제시 장승포로 18	갈비탕

구간	상호명	전화번호	주소	메뉴
거제	거제해물뚝배기 충무김밥	(055)-681-1600	경남 거제시 장승포로 2	해물뚝배기
거제	해원횟집	(055)-635-3321	경남 거제시 동부면 학동6길 16	생선회
거제	해금강회센터	(055)-682-7676	경남 거제시 아주1로 2길 31, 102호	생선회
통영	동광식당	(055)-644-1112	경남 통영시 통영해안로 343-1	복국
통영	굴향토집	(055)-645-4808	경남 통영시 무전5길 37-41	굴요리
통영	바다향기 횟집	(055)-646-2100	경남 통영시 광도면 죽림해안로 36	생선회
통영	구을비	(055)-648-2323	경남 통영시 광도면 죽림해안로 58	초밥
통영	부일식당	(055)-645-0842	경남 통영시 서호시장길 45	복국

4-3) 우리가 찾아간 맛집(3)

구간	상호명	전화번호	주소	메뉴
사천	섬횟집	(055)-835-5668	경남 사천시 벌리로 55	생선회
사천	와룡산 두부마을	(055)-833-4790	경남 사천시 미룡길 28	두부요리
사천	동강횟집	(055)-835-6669	경남 사천시 목섬길 75	생선회
사천	부엉이 해물탕횟집	010-2169-6954	경남 사천시 목섬길 52	생선회
남해	우리식당	(055)-867-0074	경남 남해군 삼동면 동부대로 1876번길 7	멸치쌈밥
남해	햇살복집	(055)-867-1320	경남 남해군 삼동면 동부대로 1043	복국
남해	한우리식당	(055)-862-5078	경남 남해군 이동면 무림로 80	한식
남해	남해자연맛집	(055)-863-0863	경남 남해군 남면 남면로 219-42	전복죽
남해	소나무정	(055)-862-1515	경남 남해군 남면 남면로 1530길	장어요리
남해	동흥수산	(055)-862-2100	경남 남해군 남해읍 화전로 96번가길 5-1	생선회
남해	가천 숯불갈비	(055)-864-3001	경남 남해군 남해읍 화전로 65-3	한우갈비
남해	장항동횟집	(055)-863-5868	경남 남해군 서면 남서대로 1517번길 34	생선회
하동	노량식당	(055)-882-1247	경남 하동군 금남면 제먼당길 106	한식
하동	노량장수횟집	(055)-882-3319	경남 하동군 금남면 노량해안길 16-1	생선회

구간	상호명	전화번호	주소	메뉴
하동	하동솔잎 한우프라자	(055)-884-1515	경남 하동군 고전면 하동읍성로 9	한우갈비
하동	마루솔한정식	(055)-884-3478	경남 하동군 하동읍 시장1길 26-8	한정식
하동	형제식육식당	(055)-883-0249	경남 하동군 하동읍 시장2길 15-10	돼지항정살